解·析
进取的人生

<上>

王旭 ◎ 编著

中国出版集团
现代出版社

图书在版编目（CIP）数据

解析进取的人生（上）／王旭编著. —北京：现代
出版社，2014.1
ISBN 978-7-5143-2453-2

Ⅰ. ①解… Ⅱ. ①王… Ⅲ. ①成功心理－通俗读物
Ⅳ. ①B848.4－49

中国版本图书馆 CIP 数据核字（2014）第 056886 号

作　　者	王　旭
责任编辑	王敬一
出版发行	现代出版社
通讯地址	北京市安定门外安华里 504 号
邮政编码	100011
电　　话	010－64267325 64245264（传真）
网　　址	www.1980xd.com
电子邮箱	xiandai@cnpitc.com.cn
印　　刷	唐山富达印务有限公司
开　　本	710mm×1000mm　1/16
印　　张	16
版　　次	2014 年 4 月第 1 版　2023 年 5 月第 3 次印刷
书　　号	ISBN 978-7-5143-2453-2
定　　价	76.00 元（上下册）

目　录

第一章　进取人生应具备的十种能力

第一章　进取人生应具备的十种能力

马克思曾经说过这样一句话——成功的路上有许多条歧路，只有勇敢的人才能到达光辉的顶点。在历史和现实中，由于对生活、学习、工作、事业抱消极态度，最后碌碌无为者，不计其数；而抱积极态度，不懈奋斗，最终成功者，亦比比皆是。这是人生态度决定的：在别人灰心沮丧，有气无力，精神不振的时候，他们意气风发，斗志昂扬；在别人因困难而放弃时，他们却坚持不懈，持之以恒；在别人止步不前，摇摆不定时，他们积极进取，勇于拼搏……最终前者一事无成，后者一片辉煌。辉煌的人生需要积极进取，而积极进取的人生不仅需要从态度上进行转变，更需要几种能力。你只有具备了这几种能力，在加上积极进取的人生态度，才能在你的人生道路上一帆风顺，事半功倍。

一　观察力

什么叫观察力

观察力是人类智力结构的重要基础，是思维的起点，是聪明大脑的"眼睛"，所以有人说"思维是核心，观察是入门"。

首先，一个正常人从外界接触到的信息有80%以上都是通过视觉和听觉的通道传入大脑，通过观察获得的，没有观察，智力发展就好像树木生长没有了土壤、江河湖海没有了水的源头一样。

其次，观察力的发展离不开思维的进步，而思维是智力的核心。人们认识事物都由观察开始，继而开始注意、记忆和思维。因而，观察是认识的出发点，同时又借助于思维提高来发展优良的观察力。如果一个人的观察力低，那么他的记忆对象往往模糊而且不确切、不突出，回忆过去感知过的事物时就常常模棱两可，记忆效果差。于是，在运用已有知识和经验进行分析和判断时就不能做到快速而准确，显得不理直气壮。综合分析和思维判断能力差将影响智力发育，在以后的观察中有效性、目的性、条理性差，观察效果不好，进一步影响思维的发展，形成不良循环。

再次，从生理和心理的角度来看，一个人如果生活在单调枯燥、缺乏刺激的环境中，观察机会少，就会使脑细胞比较多地处于抑制状态，大脑皮层发育较缓慢，智力显得相对落后。相反，如果一个人经常生活在丰富多彩、充满刺激的环境中，坚持经常到户外，野外去观察各种事物和现象，大脑皮层接受刺激，经常处于兴奋活动状态，其大脑的发育就相对较好，智力也较发达。

众所周知，人的身心发展除了一定的遗传作用外，更多受环境和教育的影响。因此，要想拥有智慧，就应该勇敢地拓宽视野，敢于观察，善于观察，为自己的智力发展开启一扇明亮的"窗户"，为自己的大脑赋予一双聪明的"眼睛"!

观察力的主要特点

观察力的品质又称做观察力的特点。了解观察力的品质对提高智力有重要意义。

1. 观察的目的性

一个人在进行感知时如果没有明确的目的，那只能算是一般感知，不能称做观察，只有当那种感知活动具有明确的目的时才能算是观察。因此，目的性是区分一般感知和观察力的重要特点之一。

观察的目的性应当包括：明确观察对象、观察要求、观察的步骤和方法。而这些内容可以在观察前的观察计划中以书面的形式写下来。一般地说，不论是长期的观察、系统的观察，还是短期的、零星的观察，都须制订观察计划。

观察的目的性还要求我们在进行观察时必须勤做记录，这种记录是我们保存第一手资料最可靠的手段。记录要力求系统全面、详尽具体、正确清楚并持之以恒。贝弗里奇告诉我们："做详尽的笔记和绘图都是促进准确观察的宝贵方法。在记录科学的观察时，我们永远应该精益求精。"

实践证明，要做好观察记录，特别是长期的系统的观察记录，必须坚持到底，持之以恒。我国著名的气象学专家竺可桢，在北京几十年如一日，对气候变化进行观察，从不间断。他每天都坚持测量气温、风向、温度等气象数据，直到逝世的前一天，为编写《中国物候学》积累了丰富的资料。

2. 观察的条理性

观察是一种复杂而细致的艺术，不是随随便便进行所能奏效的，必须全面系统、有条不紊地进行，长期的观察和短期的观察都需要如此。

一般来说，有这样几种方式：

第一，按事物出现的时间，可以由先到后进行观察。

第二，按事物所处的空间，可以由远及近或由近及远地进行观察。

第三，按事物本身的结构，可以由外到内，也可以由内到外，或者由上到下，由左到右，可以由局部到整体，也可以由整体到局部进行观察。

第四，按事物外部特征，可由大到小或者由小到大进行观察。

观察力的条理性可以保证输入的信息具有系统性、条理性，而这样的信息也就便于智力活动对它进行加工编码，从而提高活动的速度与正确性。如果一个人做事杂乱无章，那通过他所获得的信息也就必然是不清楚的，他的智力活动要在一堆乱麻中理出一个头绪来，必然要花费较多的时间和精力，甚至还可能影响到智力活动的正确性。

3．观察的理解性

观察力包含两个必不可少的因素：一是感知因素（通常是视觉），二是思维因素。

思维参与观察力可以提高观察的理解性。理解可以使我们及时地把握观察到客体的意义，从而提高我们对客体观察的迅速性、完整性、真实性和深刻性。

在观察过程中，运用基本的思维方法，对事物进行有效的比较分类、分析、综合，找出它们之间的不同点和相同点，这样，就易于把握事物的特点。考察事物的各种特性、部分、方面以及由这些特性、部分、方面所联成的整体，就会使我们易于把握事物的整体和部分。

4．观察力的敏锐性

观察力的敏锐性指迅速而善于发现易被忽略的信息，科学家和发明家的可贵之处就在于此。牛顿根据苹果坠地发现了万有引力规律，瓦特根据水蒸气冲动壶盖发明了蒸汽机。在学习活动中，同学之间的观察力千差万别，同是一个问题，有的同学一眼就看出问题的要害和内在联系，有的同学则相反。敏锐性的高低是观察力高低的一个重要指标。

观察力的敏锐性与一个人的兴趣往往是密切相关的。不同的人在观察同一现象时，会根据自己的兴趣而注意到不同的事物。兴趣可以提高人们观察力的敏锐性。例如，同在乡间逗留，植物学家会敏锐地注意到各种不同的庄稼和野生植物；而一个动物学家则又会注意到各种不同的家畜和野生动物。达尔文曾经谈到自己和一位同事在探测一个山谷时，如何对某些意外的现象视而不见："我们俩谁也没有看见周围奇妙的冰河现象的痕迹；我们没有注意到有明显痕迹的岩石，耸峙的巨砾……"显然，达尔文对各类生物的观察力是非常敏锐的，但对于地质现象却没有什么兴趣。

观察力的敏锐性是与一个人的知识经验密切相关的。一个知识渊博、经验丰富的人在错综复杂的大千世界中，自然容易观察到许多有意义的东西；相反，一个知识面狭窄、经验贫乏的人在面对许多被观察的对象时，总有应接不暇的感觉，而结果什么都发现不了。当然，知识对观察的敏锐性还有消极作用。有些人常常凭借知识对一些事物进行主观臆断。歌德曾说过："我们见到的只是我们知道的。"

5. 观察力的准确性

首选正确地获得与观察对象有关的信息。在观察过程中，不只是注意搜寻那些预期的事物，而且还要注意那些意外的情况。

其次，是对事物进行精确的观察。既能注意到事物比较明显的特征，又能觉察出事物比隐蔽的特征；既能观察事物的全过程，又能掌握事物的各个发展阶段的特点；既能综合地把握事物的整体，又能分别地考察事物的各个部分；既能发现事物相似之处，又能辨别它们之间的细微差别。

再次，搜寻每一个细节。一个具有精确观察力品质的人在观察事物的过程中，就会避免那种简单的、传统的、老一套的方式，选择那种不寻常的、不符合正规的、复杂多变的创新方式，这往往是富有创造力的表现。例如，让被试者在 30 分钟之内用 22 种一寸见方的不同颜色的硬纸片，拼成 24 厘米长、33 厘米宽的镶嵌图案时，创造能力高的人通常尝试用 22 种颜色，而较平凡的人则趋于简单化，利用颜色的种类较少。不但如此，创造能力较高的人所拼的图案近乎奇特，无规律，不美观，他们不愿意仿拼任何普通图形，而愿意大胆地独出心裁，标新立异，宁愿向通俗的形、色挑战。

各种观察力的品质在学习活动中有各自不同的作用。观察的目的性是学习目的性的一个有机组成部分，它保证我们的学习能够按照一定的方向和目标进行；观察的条理性，是循序渐进地从事学习的不可缺少的心理条件，它有助于我们获得系统化的知识；观察力的理解性可以帮助我们在学习中对由观察而获得的知识的理解，不至于生吞活剥，囫囵吞枣，为了获得某些看来平淡无奇，实际上意义较大的知识就必须具有敏锐的观察力；准确性可以帮助我们对所得到的知识深刻准确地领会，不至于似是而非，以假乱真，错误百出，纰漏丛生。在学习中，我们必须把观察力的各种品质结合起来，按照预定的目标去获得系统的、真实可靠的感性知识。

观察的巨大作用

观察是人们认识世界、增长知识的主要手段，它在人们的一切实践活动中都具有非常重要的作用。观察力是智力活动的源泉和门户，人们通过观察获得大量的感性材料，获得有关事物鲜明而具体的印象，经思维活动的加工、提炼，上升到理性认识，从而促进智力的发展。达尔文曾对自己的工作作过这样的评价："我没有突出的理解力，也没有过人的机智，只是在觉察那些稍纵即逝的事物并对其进行精细观察的能力上，我可能在众人之上。"俄国伟大的生理学家巴甫洛夫在他实验室建筑物上刻着："观察、观察、再观察。"

观察是一种有计划、有目的、较持久的认识活动，科学研究、生产劳动、艺术创造、教育实践都需要对所面临的对象进行系统、周密、精确、审慎的观察，从而探寻出事物发展变化的规律。

翻开名人传记，不难发现，人类历史上，尤其是科学发展史上的成功人物大都具备优良的观察力：

意大利科学家伽利略就是从观察教堂里铜吊灯的摇曳开始，经过实验研究发现了摆的定时定律；伟大的生物学家、进化论的创始人达尔文从小热衷于观察动、植物，坚持二十年记观察日记，写出《物种起源》；伟大的物理学家牛顿从孩提时代起就喜欢对各种事物进行仔细观察，而且力图透过现象看本质，把不懂的地方彻底弄明白。狂风刮起时，人们都躲进屋里，牛顿却顶着沙石冲出门外，一会儿顺风前进，一会儿逆风行走，实地观察顺风与逆风的速度差；英国发明家瓦特正是从对水蒸汽顶动壶盖的观察中琢磨出蒸汽机的基本原理，而由此带来一场深刻的资本主义工业革命；我国明代名医李时珍幼年时就爱观察各种花卉、药草的生长过程，细致地察看它们如何抽条、长叶、开花，花草的每一处细微变化都逃不过他的眼睛。正由于这种观察细致的严谨作风，使他得以纠正古代药草书中的很多错误，写出流芳百世的《本草纲目》……

通过数不胜数的实例我们可以发现，多听、多看、锻炼感官、积累感性知识，是观察力得以发展的前提。观察的过程也恰恰是以感知为基础的，但并不是任何感知都可称为观察。真正有效的观察过程既包含感知的因素，也包含思维的成分，如果在观察过程中不注意锻炼思维能力，那么观察也只是笼统、模糊和杂乱的，既不可能抓住事物的主要特征，更不可能作出科学的判断。

总之，靠自己的感官，有目的、有计划、主动地去感知，只有将感知与思维相结合才是真正的观察，而这种观察现象、抓住本质的能力才是真正的良好的观察力。

怎样提高观察力

提高观察力的方法很多，具体可以分为以下几种：顺序转换法、求同找异法、追踪法、破案法、随感法、观察日记法、任务法、列项画勾法、个体差异法、中心单元法、边缘视觉法等。

1. 顺序转换法

学会有计划、有次序地查看，从不同角度、不同顺序上去观察同一事物或用同一顺序观察不同事物，从而把握观察对象的整体和实质。

观察顺序，首先指的是被观察事物的不同空间顺序，如从上到下、从左到右、从东到西，从近及远等；其次，指被观察事物的不同结构组成部分的次序，如从头到尾、由表及里，从整体到部分再到整体。所以，观察同一事物，既可以依循其空间顺序，也可以从其不同结构次序入手，获取的信息不同，认识事物的角度也不同。

比如观察一尾金鱼，从整体顺序来看，其叶菱形，分为上头、中躯、下尾三个部分，鳃以前是头部，肛门以后是尾部，而鳃和肛门之前便是躯干。从局部结构来看，以头为例，其前端有口，两侧有鼓起的眼袋和眼睛，眼的前面有两个鼻孔，两侧还各有一片鳃盖，鳃盖后缘掩住鳃孔，能开合，与口的运动互相一致配合，让水不停地由口流人，由鳃排出，尾翼长，肚子大，颜色鲜。经过这种顺序地有步骤观察，就可以获得一个完整、清晰的观察印象。

用不同顺序观察不同类事物，往往采用从整体到部分，再从部分到整体的顺序分析法。如观察街景、公园、山色等自然景象，多采用由近及远或由远及近的方位顺序法；而观察某一事件，则必须按照开头（起因）到中间（经过）再到结果的时间发展顺序。

2. 求同找异法

求同找异法就是认真观察和研究观察对象，找出其同类事物之间的异同，并分析其间的关系，其意义在于提高观察者的观察分析、思考、概括、归纳能力。例如，对蜜蜂进行观察，必须注意到蜜蜂那神奇的触角和善于舞蹈的腿，由此引发出观察蚂蚁、蜗牛、蜘蛛、蜻蜓等动物的兴趣。在观察这些昆虫家族的秘密时，自然会发现这些昆虫之间的区别。通过这种求同找异法，比较同类事物之间的异同，进一步观察、进一步比较的积极性就会自然产生。

3. 追踪法

追踪法又可称为间断观察法，即在不同时间、不同条件下对同一事物进行间断的、反复的追踪观察，以了解事物的发展变化过程，掌握规律，而对类似情况作出准确分析和判断。比如，用一个月的时间观察月亮阴晴圆缺的情况。追踪法的成功实施要靠注意力的长期稳定来实现，而注意力所指向的并不仅仅是观察活动这一事件本身，而更多是在所观察对象变化发展的规律。

因此，运用追踪法进行观察，不是囫囵吞枣，而是运用大脑，经过筛选、比较、分析，从而得出符合规律的客观认识。

4. 破案法

破案法就是从某一观察的现象、线索中的疑问之处入手，进行探索性的观察，分析找出问题的原因，发现解决问题的办法。

比如，瓦特有一次看到暖瓶塞被顶开掉到地上了，他想，暖瓶塞子为什么会被冲开？是什么把它冲开的？它究竟有多大的冲力？带着这些问题，进一步观察分析和实验，终于受此启发，将改进后的蒸汽机用于工业生产，引起了深刻的工业革命。

再如，有一个叫焦涤非的人，他念小学三年级时，一次其父带他到铁路边，他发现铁轨是一节一节连接在一起的，他想，为什么不用一根长长的铁轨却在连接处留下一道道缝子呢？于是他问其父，其父答道："因为钢铁会热胀冷缩，如果用一根长长的铁轨或接头处不留缝隙，那么铁轨在炎热的夏天就会膨胀变形，七拱八弯的，若不信，你可以自己测量测量。"在父母的支持和帮助下，焦涤非通过观察测量发现，温度的变化，很有规律，气温每下降11℃，间隙就增大一毫米。经过近一年的观察，他详细作了观察记录，同时还写出了铁轨热胀冷缩的观察报告，获得了全国征文比赛优秀奖。更重要的是，通过这一年的观测活动，他不仅掌握了中学阶段的物理知识，而且对观察和自然科学实验的兴趣大大增强了。

5. 随感法

随感法是最简单，也最基本的观察积累手段。它的形式为随看随记，随想随记。它可长可短，字数不定，形式自由。随感习惯的养成和巩固，可以丰富观察内容，提高观察兴趣。

6. 观察日记法

随着观察材料的不断积累和丰富，简单的随感式摘记显得过于简单，这时就需要记写观察日记了。

世界著名生物学家达尔文从小就具有十分出色的观察力，这和他舅舅常鼓励他记观察日记分不开的。当时，达尔文已经对自己搜集的标本作了一些简单记录，有的还附有简单插图，可是舅舅对他说，"只做摘记是不够的，要把你自己当作一个画家，但不是用颜色和线条，而是用文字。当你描述一种植物的时候，你必须使别人能够根据你的描述立刻辨认出这种东西来。为了搞好科学研究，你必须进一步提高你的文字表达能力，要像莎士比亚那样用文字描绘世界、叙述历史、打动人心。"

我国古代地理学家徐霞客就是一个善于观察和坚持写观察日记的科学家，他遍走我国的名山大川，仔细观察和考察，晚年他把自己的观察日记整理出来，终于留下了光辉的科学著作《徐霞客游记》。

7. 任务法

未经过训练的人在观察时往往注意力不集中，容易受不相干事物的干扰，忘记了观察目的。因此，在观察训练的初期应适时地给自己或训练对象提出一些要求，下达一定的任务，确立一定的观察目的，使观察有计划地进行。

任务法是比较常用和易行的方法，它有利于观察计划的顺利实现。

8. 列项画勾法

列项划勾法是任务法的进一步深化，具有更强的实际操作性。

在明确观察任务和目的后，可以给自己列出一个围绕观察任务的项目表，恰似上街购物前的"购物提示"，它能够促进使训练者有计划、有目的地观察相关内容。

9. 个体差异法

所谓个体差异法，就是在对同类事物进行观察时，抓住其个体特征。例如，同样是军官，同样是被逼上梁山，而林冲和杨志却是截然不同的两种心态和两种性格，这就是他们的个体差异。

在实际观察中，我们面对的更多是个体，这一个体除了具有同类事物的类别特征外，更重要的是具有其个体特征。所以，要使观察进一步深入、细致、具体事物具体分析，抓住事物的个体差异。

10. 中心单元法

所谓"中心单元法"，即围绕某一观察对象或内容开展一系列观察活动，以求完整、准确地把握和理解事物的现象和本质。

例如，观察种子发芽成苗的这一过程，围绕种子是怎样发芽的这一中心，设计出一系列的观察活动。

中心单元法贵在围绕"中心"坚持下去，否则无法获得对事物的完整印象和深入了解。

11. 边缘视觉法

一个观察不够准确的人，常常是只见树木不见森林。相反，观察准确性较高的人，既能把握事物的整体，又能敏感地观察到事物的细节。这一能力要求观察者既具有较广泛的视觉范围，又有较高的视觉敏感度。为此，可通过边缘视觉法进行训练。

所谓的"边缘视觉"，就是先保持固定的目光聚焦，凝视正前方，同时又用眼观望四周，但不是以头的扭动或转向而带动目光去看，而是用眼睛的余光。在人的视敏度很高的中央视觉区外缘还有一块很大的，相对来说尚未被充分利用的视觉区域，叫做边缘视觉。而人的视网膜上，只有一小部分处于敏感的中央区，其余则都在边缘视觉地带。因此，对边缘视觉的开放和训练，可以大大提高视觉的感受力范围和感受性程度，对视察完整性和准确性训练大有帮助。

边缘视觉非常具有开发价值，它能使观察者对自己感兴趣的事物特别敏感，而且也善于掳捉他人易忽视的细节或事物的某些特征。比如，从杂乱无章的复杂环境中选认出自己所找或选认的事物，靠的就是边缘视觉。一个边缘视觉良好、观察敏感度高，又对汽车有浓厚兴趣的人，能准确地说出身边一驰而过的汽车的车名、车型及车的显著特征。

在进行边缘视觉训练时要注意既看清事物整体，又要把视觉敏感的中央区对准需要进行细致观察的部分，要眼观六路耳听八方，又要抓住关键和要害。

训练观察力的步骤

要锻炼观察力，应从身边的事物、所处的环境、人的特点着手。比如：你家里的桌子的位置有轻微变化、你的一个新朋友的眼皮是内双的、今天路上的车辆比以往少了一点、餐厅见的某个陌生人是个左撇子、你周围的人的表情和穿着等等。

观察是一种用心的行为，而非随随便便地"看"。观察一个楼梯，你可以算它的级数、高低，光是看的话，你可能只是记得它是一个楼梯。在初练观察力时，最好养成有意识的观察。针对一个平凡无常的事物，你应有意地细微地观察它所具有的特征，注意常人难以发现的地方。再有，通过对比也是训练观察力的好方法。如：今天和昨天的窗户上的灰尘有什么变化、股市的变化并推测其未来趋势。不仅要观察其内在本质，也要着重于发现事物的变化。总之，持有一颗观察的心并付诸实践，长此以往便可以训练出潜意识的观察能力。这是一种好习惯。下面是训练观察力的五个方法。

1. 静视

首先，在你的房间里或屋外找一样东西，距离约 60 厘米，平视前方，自然眨眼，集中注意力注视这一件物体，默数 60～90 下，在默数的同时，要专心致志地仔细观察。闭上眼睛，努力在脑海中勾勒出该物体的形象，应尽可能地加以详细描述，最好用文字将其特征描述出来。然后重复细看一遍，如果有错，加以补充。

其次，在训练熟练后，逐渐转到更复杂的物体上，观察周围事物的特征，然后闭眼回想。重复几次，直到每个细节都看到。可以观察地平线、衣服的颜色、植物的形状、人们的姿势和动作、天空阴云的形状和颜色等。观察的要点是不断改变目光的焦点，尽可能多地记住完整物体不同部分的特征，记得越多越好。在每一次分析练习之后，闭上眼睛，用心灵的眼睛全面地观察，然后睁开眼睛，对照实物，校正你心灵的印象，然后再闭再睁，直到完全相同为止。还可以在某一环境中关注一种形状或颜色，试着在周围其他地方找到它。

再次，去观察名画。必须把自己的描述与原物加以对照，力求做到描写精微、细致。在用名画作练习时，应通过形象思维激发自己的感情，由感受产生兴致，由兴致上升到心情。这样，不仅可以改善观察力、注意力，而且可以提高记忆力和创造力。因为在塑作新的形象的过程中，吸收使用了大量清晰的视觉信息，并且把它储藏在大脑中。

2．行视

以中等速度穿过你的房间、教室、办公室，或者绕着房间走一圈，迅速留意尽可能多的物体。把你所看到的尽可能详细地说出来，最好写出来，然后对照补充。在日常生活中，可以在眨眼的工夫，去看眼前的物品，然后回想其种类和位置；看马路上疾驶的汽车牌号，然后回想其字母、号码；看一张陌生的面孔，然后回想其特征；看路边的树、楼，然后回想其棵数、层数；看广告牌，然后回想其画面和文字。所谓"心明眼亮"，这样不仅可以有效锻炼视觉的灵敏度，锻炼视觉和大脑在瞬间强烈的注意力，而且可以使你从内到外更加聪慧。

3．抛视

取 25 块到 30 块大小适中的彩色圆球，其中红色、黄色、白色或其他颜色的各占三分之一。将它们完全混合在一起，放在盆里。用两手迅速抓起两把，然后放手，让它们同时从手中滚落到地上。当它们全部落下后，迅速看一眼这些落下的物体，然后转过身去，将每种颜色的数目凭记忆写下来，检查是否正确。

4．速视

取 50 张 7 厘米见方的纸片，每一张纸片上面都写上一个汉字或字母，字迹应清晰、工整，将有字的一面朝下，也可用扑克牌。取出 10 张，闭着眼使它们面朝上，尽量分散放在桌面上。睁眼后用极短的时间仔细看它们一眼。然后转过身，凭着你的记忆把所看到的字写下来。每天练习三次，在第十天注意一下你取得了多大进步。

5．统视

睁大眼睛，注意力完全集中，注视正前方，观察你视野中的所有物体，但眼珠不可以有一点的转动。坚持 10 秒钟后，回想所看到的东西，凭借你的记忆，将所能想起来的物体的名字写下来，不要凭借你已有的信息和猜测来作记录。重复 10 天，每天变换观察的位置和视野。

锻炼观察力的技巧

若想训练出好的观察力，技巧非常重要，下面列举的技巧都是人们在长期的实践中掌握的切实可行的方法，适合初学者学习。

1．重复观察法

为了避免纰漏和错假现象，求得对所观察对象的精确和深刻，重复对同一事物或现象的观察是非常必要的。特别是对那发生或发展特别快或有其他干扰的事物或现象的观察时，由于我们观察的感应速度难以跟上或注意力容易被干扰，如老师在氯气和氢气的化合试验时，有的同学可能被镁条燃烧时发出的强光干扰而影响对试验发生的反应现象的观察。像这样的情况就必须重复多次进行观察。

2．比较观察法

在观察两种相近或相似的事物或现象时，通过比较观察，找出它们之间的异同，抓住它们的本质特征，以获得清晰的认识，这种方法在我们的学习中也是应用比较广泛的，例如有的同学在这用 $(a+b)^3 = a^3 + 3a^2b + 3ab^2 + b^3$ 和 $(a-b)^3 = a^3 - 3a^2b - 3ab^2 - b^3$ 这两个公式时经常出错，特别是 $(a-b)^3$，但将两个公式放在一起比较时就会发现：$(a-b)^3$ 的展开式中带 "－" 号的项恰好是 "b" 的奇数次幂项。在其他各学科中运用比较法也同样可取得很好的效果。

3．借助仪器观察法

在我们生活和学习的周围环境和宇宙空间中，有许多的事物是我们不能直接用身体器官观察得到的，或者由于人的感官在观察时在精度和速度等方面在本身存在的局限性，所以借助仪器进行观察是非常必要和必需的。显微镜的发明和使用，揭开了微生物世界的秘密空间，并创立了细胞学说；天文望远镜、人造卫星及宇宙飞船的应用，增强了人类对地球本身和宇宙空间的了解，开阔了人们的视野和探索空间。

4．自然观察法

对在自然状态下的观察对象进行观察。春游时，对山峦河流、地形树貌、民俗风情、文物建筑、田园风光的观察，配合植物学和动物学的学习，在大自然或植物园、动物园中观察多种多样活生生的动物和植物，都是运用的自然观察法。我国宋朝画家文同擅长画竹，这主要得益于他坚持对竹进行"自然观察"。他在居室窗外栽种一片竹林，朝夕观察揣摸，脑海中保留着鲜明生动的竹子形象，挥毫作画时总是"胸有成竹"。

5．分解观察法

就是把被观察对象的各种特征、各个方面或各个组成部分一一分解，进行认真的观察，这样的观察可以使我们对事物了解得更加精确。例如，观察直圆柱：这个形体是什么形状？两个底面之间相等吗？通过这样解剖观察后，就能把握直圆柱的主要特征：直圆柱的两个底是相等的圆，它的侧面展开是一个长方形。又如"赢"字，学生不易掌握其字形，但如果进行解剖观察，分解为"亡、口、月、贝、凡"便容易得多了。

6．历史观察法

即按事物发展变化的过程进行观察的方法，它以时间变化为特征。世界上的一切事物包含在一定的时间与空间关系之中，任何事物的发展变化都有一定的过程和时间顺序。习惯上，把短时间的变化称为过程性的发展变化。

7．移位观察法

就是观察者在不固定位置对客观事物进行的不固定的观察，其特点是观察处于活动变化的状态。这种观察可以是观察者的移位，也可以是观察对象的移位，其观察点在不断发生变化，是一种动态性观察，这种观察往往是有选择的，它的变化特点是以空间变化为标志。

另外，还有长期观察法、隐蔽观察法、时序观察法、综合观察法、多角度观察法和追踪观察法等等。总之，要提高观察能力，既要养成良好的观察习惯，又必须掌握科学的观察方法。

观察在学习中的运用

1．观察是获得知识的第一环节

通过观察可以获得对事物的感性认识，而通过对感性认识的不断积累综合和思考，最终将升华为理性知识，所以说，观察是人类智力活动的源泉。

2．准确的观察力是纠正或者发现错误的重要根据

在科学历史上新发现和技术革新，都是通过准确的观察后，从对前人的学说或事物的现象产生怀疑而开始的。例如，哥白尼之所以能创立"日心说"，就是因为他通过长期的、准确的观察发现了"地心说"的许多谬误；有关物体重量与降落速度的关系，在伽利略的斜塔实验之前人们都错误地认为：物体降落的速度与重量成正比关系，是伽利略通过大量的实验纠正了这一错误认识。

3．敏锐的观察力是捕捉成功机遇的重要条件

机遇是出乎人们意料的境遇和机会，意外的机遇往往成为某件事情成功的契机。在科学技术的发展历程中，由于机遇的降临而引出的新发现和发明的就有很多。青霉素就是英国的细菌学家弗莱明在一个偶然的机会里发现的，他后来说："我唯一的功劳就是没有忽视观察。"由此可见敏锐的观察力在科研工作中的重要，当然在我们

的侦探学习中也需要有敏锐的观察能力。

二 注意力

什么叫注意力

注意力是指人的心理活动指向和集中于某种事物的能力。俄罗斯教育家乌申斯基曾精辟地指出："'注意'是我们心灵的唯一门户，意识中的一切，必然都要经过它才能进来。"注意是指人的心理活动对外界一定事物的指向和集中，具有注意的能力称为注意力。

注意从始至终贯穿于整个心理过程，只有先注意到一定事物，才可能进一步去集训、记忆和思考。

注意属心理学的范畴，是指人的心理活动对一定对象的指向和集中，指向和集中是注意的基本特点。注意力就是把自己的感知和思维等心理活动指向和集中于某一事物的能力。感知是感觉和知觉的统称，思维是人脑对客观事物间接的和概括的反映，它反映事物的本质和规律。

指向性是心理活动对活动对象的选择。客观事物并不能都被主体清晰认识，因此，注意的对象又叫做被主体选择的客体；注意的背景是其他没有被选择的客体；选择的范围是一个或几个互有关系的对象。

集中性是心理活动，不仅离开一切无关事物，而且抑制了无关活动，使选择的对象维持在相对的时间内，保证对对象的清晰反映。如全神贯注、聚精会神、专心致志、一心一意等。由于高度集中注意，心理紧张度极高，有时达到"视而不见、听而不闻"的境界。

指向性和集中性密不可分，是保证心理活动顺利开展并继续维持下去的前提条件。

注意力的特征

1．注意的范围

指在一瞬间能够清晰地把握多少对象。如，有人逐字逐句地阅读，有人则能一目十行，这种差异和人的实践、知识经验有关。足球运动员的注意只盯在腾空的足球上，才能踢出符合战术要求的球来以战胜对手！

2．注意的稳定性

指在较长时间内，保持在一定对象上，这是注意的时间特征。

3．注意的分配

指在同一时间内将注意分配到不同对象上去，即一心多用。如演奏乐器都是右手奏主旋律，左手伴奏还要相互配合。各种技能越熟练注意也越容易分配到更多的活动上去。

4．注意的转移

指人能够根据任务、要求及时地将注意由一个对象转移到另一个对象上去。青少年在学校里较好地完成学习任务是和他们能根据课表安排有计划地组织注意的转移及时稳定在新的科目上，不然的话很难顺利、高质量地完成任务。

5．注意的紧张度

指心理活动对某事物的高度集中，表现出强度上的特点。越是紧张，注意的范围也越小，紧张持续的时间越长容易引起疲劳影响活动的效果。

提高注意力的方法

注意力就是注意的能力，是指心理活动对一定对象的指向和集中，指向性是指心理活动对客观事物的选择。举个简单的例子：机械照相机摄影时，取景框内有很多景物，根据需要拍摄时，则是取近，远不实；取远，近就虚。所谓"逐鹿者不见山"，也是这个道理。集中性是指人的心理活动在特定方向上的保持和深入，直到达到目的为止。

注意能力的差异是客观存在的，但也可以通过生活实践的锻炼而得到改善。怎样提高"注意力"呢？

1. 明确目的任务

对学习的目的、任务有清晰的了解时，就会提高自觉性，增强责任感，集中注意力。即使注意力有时涣散，也会及时引起自我警觉，把分散的注意收拢回来。

2. 克服内外干扰

克服内部干扰，除了要避免用脑疲劳，保证充足的睡眠外，还要积极参加体育活动，把自己调整到最佳状态；除了尽量避开影响注意的外界刺激外，还应适当地有意锻炼自制力，培养"闹中求静"的心态，使注意能高度集中和稳定。

3. 养成注意习惯

学习过程中要会"自我提问"，为求答案，积极思考，保持高度注意，出现"走神儿"时要会"自我暗示"，保持注意的稳定。学习临结束时，更要使注意保持紧张状态，决不能虎头蛇尾。俗话说"习惯成自然"，从养成良好的注意习惯入手，是全面提高注意力的捷径。

保持良好的注意力是大脑进行感知、记忆、思维等认识活动的基本条件。在我们的学习过程中，注意力是打开我们心灵的门户，而且是唯一的门户。门开得越大，我们学到的东西就越多。而一旦注意力涣散了或无法集中，心灵的门户就关闭了，一切有用的知识信息都无法进入。

集中注意力的训练

注意力的集中作为一种特殊的素质和能力，需要通过训练来获得。那么，训练自己的注意力、提高自己专心致志的方法有哪些呢？

1. 运用积极目标的力量

这种方法的含义是什么？就是当你给自己设定了一个要自觉提高自己注意力和专心能力的目标时，你就会发现在非常短的时间内，集中注意力这种能力有了迅速的发展和变化。

同学们要在训练中完成这个进步，要有一个目标，就是从现在开始我比过去善于集中注意力。不论做任何事情，一旦进入，能够迅速地不受干扰，这是非常重要的。比如，你今天如果对自己有这个要求，我要在高度注意力集中的情况下，将这一讲的内容基本上一次都记忆下来。当你有了这样一个训练目标时，注意力本身就会高度集中，就会排除干扰。

同学们都知道，在军事上把兵力漫无目的地分散开，被敌人各个围歼的是败军之将。这与我们在学习、工作和事业中一样，将自己的精力漫无目标地散漫一片，永远是一个失败的人物。学会在需要的任何时候将自己的力量集中起来，注意力集中起来，这是一个成功者的天才品质。培养这种品质的第一个方法，是要有这样的目标。

2. 培养对专心素质的兴趣

有了这种兴趣，你们就会给自己设置很多训练的科目，训练的方式，训练的手段。你们就会在很短的时间内，甚至完全有可能通过一个暑期的自我训练，发现自己和书上所赞扬的那些名人一样，有了令人称赞的集中注意力的能力。

同学们在休息和玩耍中可以散漫自在，一旦开始做一件事情，如何迅速集中自己的注意力，这是一个才能。就像一个军事家迅速集中自己的兵力，在一个点上歼灭敌人一样。我们知道，在军事上，要集中自己的兵力而不被敌人觉察，要战胜各种空间、地理、时间的困难，要战胜军队的疲劳状态，要调动方方面面的因素。同学们集中自己的精力、注意力，也要掌握各种各样的手段。这些都值得探讨，是很有兴趣的事情。

3. 要有对专心素质的自信

千万不要受自己和他人的不良暗示。有的家长从小就认为孩子注意力不集中，有的同学自己可能也这样认为。不要这样认为，因为这种状态可以改变。

如果你现在比较善于集中注意力，那么，肯定那些天才的科学家、思想家在这方面还有值得你学习的地方，你还有不及他们的差距，你就要想办法超过他们。

对于绝大多数同学，只要你有这个自信心，相信自己可以具备迅速提高注意力集中的能力，能够掌握这样一种方法，你就能具备这种素质。我们都是正常人、健康人，只要我们下定决心，排除干扰，就肯定可以做到高度的集中注意力，希望同学们对自己实行训练。

4. 善于排除外界干扰

要训练排除干扰的能力。毛泽东在年轻的时候为了训练自己注意力集中的能力，曾经给自己立下这样一个调练科目，到城门洞里、车水马龙之处读书，就是为了训练自己的抗干扰能力。同学们一定知道，一些优秀的军事家在炮火连天的情况下依然能够高度集中注意力，在指挥中心判断战略战术的选择和取向。生死的危险就悬在头上，可是还要能够排除这种威胁对你的干扰，这种抗拒环境干扰的能力，需要训练。

5．善于排除内心的干扰

在这里要排除的不是环境的干扰，而是内心的干扰。环境可能很安静，一但是，自己内心可能有一种骚动，有一种与学习不相关的兴奋。对各种各样的情绪活动，要善于将它们放下来，予以排除。这时候，同学们要学会将自己的身体坐端正，将身体放松下来，常常内心的干扰比环境的干扰更严重。

同学们可以想一下，在课堂上为什么有的同学能够始终注意力集中，而有的同学注意力不能集中呢？除了有没有学习的目标、兴趣和自信之外，就是善于不善排除自己内心的干扰。有的时候并不是周围的同学在骚扰你，而是你自己心头有各种各样的杂念。如果你就是想浑浑噩噩过一生，乃至到了三十岁还要靠父母养活，那你可以不训练这个。但是，如果你确实想做一个自己也很满意的现代人，就要具备这种事到临头能够集中自己注意力的素质和能力，善于在各种环境中不但能够排除环境的干扰，同时能够排除自己内心的干扰。

6．节奏分明地处理学习与休息的关系

同学们千万不要这样学习：我这一天就是复习功课，然后，从早晨开始就好像在复习功课，书一直在手边，但是效率很低，同时一会儿干干这个，一会儿干干那个。十二个小时就这样过去了，休息也没有休息好，玩也没玩好，学习也没有什么成效。或者，你一大早到公园念外语，坐了一个小时或两个小时，散散漫漫，没有记住多少东西。这叫学习和休息、劳和逸的节奏不分明。

正确的态度是要分明。那就是我从现在开始，集中一小时的精力，比如背诵80个英语单词，看我能不能背诵下来。高度地集中注意力，尝试着一定把这些单词记下来。学习完了再休息，再玩耍。当需要再次进入学习的时候，又能高度集中注意力。这叫张弛有道。一定要训练这个能力。

永远不要熬时间，永远不要折磨自己。一定要善于在短时间内一下把注意力集中，高效率地学习。要这样训练自己：安静的时候，像一棵树；行动的时候，像闪电雷霆；休息的时候，流水一样散漫；学习的时候，却像军事上实施进攻一样集中优势兵力。这样的训练才能使自己越来越具备注意力集中的能力。

7. 空间清静

这个方法非常简单，当你在家中复习功课或学习时，要将书桌上与你此时学习内容无关的其他书籍、物品全部清走，在你的视野中只有你现在要学习的科目。这种空间上的处理，是你训练自己注意力集中的最初阶段的一个必要手段。同学们常常会发现这样生动的场面，想学数学的时候发现有一张报纸，上面有些新闻，你止不住就看开了，看了半天才知道我是来学数学的，一张报纸就把你的注意力转移了。

所以，作为训练自己注意力的最初阶段，做一件事情之前，首先要清除书桌上全部无关的东西，然后使自己迅速进入主题。如果能够做到一分钟之内没有杂念，进入主题，那就了不起了。如果半分钟就能进入主题，就更了不起。有的人说，自己复习功课用了四个小时，其实那四个小时大多数在散漫中、低效率中度过，没有用。反之，你开始学习时，与此无关的全部内容置之脑外，这就是高效率。

8. 清理大脑

收拾书桌是为了用清理视野中的东西，集中自己的注意力，那么，你同时也可以清理自己的大脑。你经常收拾书桌，慢慢就会有一个形象的类比，觉得自己的大脑也像一个书桌一样。

大脑是一个屏幕，那里堆放着很多东西，将自己的各种无关的情绪、思绪和信息收掉，在大脑中就留下你现在要进行的科目，就像收拾你的桌子一样。

同学们，希望你们从今天开始就要作这样的训练，它并不困难。当你将思想中的所有杂念都去除的时候，一瞬间就进入了专一的主题，大脑就充分调动起来。如果不是这样，那么这十分钟是被浪费掉的。这种状态我们以后不能再要了，要善于迅速进入自己专心的主题。

9. 对感官的全部训练

我们讲了清理自己的书桌，其实更广义说，我们可以进行视觉、听觉、感觉等方方面面的训练。同学们可以训练自己在视觉中一定时间内盯视一个目标，而不被其他的图像所转移；可以训练在一段时间内虽然有万千种声音，但是你们集中聆听一种声音；也可以在整个世界中只感觉太阳的存在或者只感觉月亮的存在，或者只感觉周围空气的温度。这种感觉上的专心训练是进行注意力训练的有效的技术手段。

10. 不在难点上停留

同学们都会意识到，当我们去探究和观察自己感兴趣的事物时，就比较容易集中注意力。比如说我喜欢数学，数学课就比较容易集中注意力，因为我理解，又比较有兴趣。反之，因为我不太喜欢化学，缺乏兴趣，对老师讲的课又缺乏足够的理解，就有可能注意力分散。

在这种情况下，我们就有了正反两个方面的对策。正的对策是，我们要利用自己的理解力、利用自己的兴趣集中自己的注意力。而对那些自己还缺乏理解、缺乏兴趣的事物，当我们必须研究它、学习它时，这就是一个特别艰难的训练了。

首先，同学们在听老师讲课的过程中如果出现任何不理解的环节，不要在这个环节上停留。这一点不懂，没关系，接着听老师往下讲课。千万不要被前几页的难点挡住，对整本书望而止步。实际上，在你往下阅读的过程中可能会发现，后边大部分内容你都能理解。前边这几页你所谓不理解的东西，你慢慢也会理解。

如果你对这些内容还缺乏兴趣，而你有必要去研究它和学习它，那么，你就要这样想，兴趣是在学习、掌握和实践的过程中逐步培养的。

保持注意力的方法

保持注意力的习惯能使你的学习和工作更有条理，如果你有定力地全神贯注投入学习或工作几个小时，一定会比不断分心的学习和工作一天取得更多的成果。那么，怎样才能保持注意力的集中呢？

1. 杜绝干扰

在学习和工作中，周围的干扰足以让你在学习和工作中心神不宁。如喧嚷的环境，手机铃声等等都是随时打断你学习工作的干扰源，你需要杜绝它们。一般进入专注状态需要 15 分钟时间，如果每 5 分钟就要被打断一次，你又如何能够聚精会神？所以，专门划出时间来学习或工作，拔掉你的网线或者关掉即时通讯软件，告诉别人请勿打搅。

2. 理出头绪

清空你的大脑，脑中堆着一大摞任务只会让你难以全神贯注。在工作开始前，花上几分钟为所有零碎的任务理出头绪分清秩序，否则你只会浪费时间去处理所有这些任务带来的混乱和冲突了。

3. 任务时间有限

如果你需要在一天内完成一个可能花费几周时间的工作，就该为任务划分成块，分别设定时限，如此才能保证在短时间内完成任务的重要部分。

当你遇上那些非常容易扩展伸延的任务，如果你的任务很容易延伸扩展出其他的要求并不断产生子任务，时限可以使你更好地控制进度而不至于东奔西走陷入混乱。

4. 清除障碍

当学习或工作中遇到棘手的问题、思路受阻时必定会心烦意乱难以专注。这时你就需要清除障碍，使你依然集中精神。

5. 隔离自己

除非需要合作，那么就在学习时做个隐士，在闹哄哄的学习环境中隔离自己，构筑一个私人空间，直到学习完成再去与人闲聊攀谈。构建这样的环境才能使你更好地完成你的任务。

6. 健康能够驱动头脑飞转

身体状况决定了专注程度，没人会指望一个醉醺醺的家伙能百分百地投入工作。长期睡眠不足、过度使用兴奋药物、酽饮浓食、摄入过多能量，这些都会影响你集中注意的能力。请戒绝其中某个不良的生活习惯，保持一个月，看看你的体质是否得到改善，只需要改变一丁点儿生活行为，就可以大幅提高专心能力。

三 记忆力

什么叫记忆力

记忆力是识记、保持、再认识和重现客观事物所反映的内容和经验的能力。人们在漫长的社会生活与学习中需要记忆来学习和工作，但人的记忆却因人的个体差异不同其记忆的好坏也不同。根据学术界上对记忆的一般性结论，人的记忆力的好坏有很大差距，这种差距通过人的记忆分类我们就更容易看清。

记忆的分类

1. 按方式分类

按方式可分为概念记忆和行为记忆。所谓的概念记忆，就是对某一事物的回忆。如，科技是第一生产力，大象的体重很重等。这些只是概念上的回忆。

所谓的行为记忆，就是对某一行为、动作、做法或技能等的回忆。这种记忆极少会忘记，因为都涉及具体行动的。如，踩单车、游泳、写字或打球等。关于这些的记忆，或许很久不用的话会生疏，但极少会遗忘。

据说，人的大脑的记忆能力，相当于1500亿台80G电脑的存储量。觉得记东西难，可能只是困、累，或精神不佳。

2. 根据持续时间分类

根据记忆持续的时间将其分为三种不同的类型，即感觉记忆、短时记忆和长时记忆。

短期记忆。短期记忆模型在过去25年里面为"工作记忆"所取代，由两个系统组成，即空间视觉形成的短期视觉印象、声音回路储存声音信息，这可以通过内在不断重复长时间存在和中央执行系统管理这两个系统建立联系。

长期记忆。记忆的内容不但是按主题，而是按时间被组织管理。一个新的经验，一种通过训练得到的运动模式，首先去工作记忆作短期记录，在此信息可以被快速读取，但容量有限。出于经济原因考虑，这些信息必须作一定清理。重要的或者通过"关联"作用被联想在一起的信息会被输送到中长期记忆，不重要的信息会被删除。

记忆内容越是被频繁读取，或是一种运动被频繁重复进行，反馈就越是精细，内容所得的评价会提高。后面一点的意思是，不重要的信息会被删除，或是另存到其他位置。记忆的深度一方面和该内容与其他内容的连接数目，另一方面与情感对之的评价有关。

3．根据记忆内容分类

根据记忆内容的变化，记忆的类型有：形象记忆型、抽象记忆型、情绪记忆型和动作记忆型。

形象记忆型是以事物的具体形象为主要的记忆类型。

抽象记忆型也称词语逻辑记忆型。它是以文字、概念、逻辑关系为主要对象的抽象化的记忆类型，如，"哲学""市场经济""自由主义"等词语文字，整段整篇的理论性文章，一些学科的定义、公式等。

情绪记忆型。情绪、情感是指客观事物是否符合人的需要而产生的态度体验，这种体验是深刻的、自发的。所以，记忆的内容可以深刻的牢固的保持在大脑中。

动作记忆型。动作记忆是以各种动作、姿势、习惯和技能为主的记忆。动作记忆是培养各种技能的基础。

4．根据感知器官分类

感知器官包括视觉记忆型、听觉记忆型、嗅觉记忆型、味觉记忆型、肤觉记忆型和混合记忆型等。

视觉记忆型是指视觉在记忆过程中起主导作用的记忆类型。视觉记忆中，主要是根据形状印象和颜色印象记忆的。

听觉记忆型是指听觉感知在记忆过程中起主导地位的记忆类型。

嗅觉记忆型是指嗅觉感知在记忆过程中起主导地位的记忆类型。嗅觉记忆是常人都具备的一种记忆。

味觉记忆型是指味觉感知在记忆过程中起主导地位的记忆类型。味记忆也是常人都具备的一种记忆。

肤觉记忆型是指肤觉感知在记忆过程中起主导地位的记忆类型。

混合记忆型是指两种以上（包括两种）感知器官在记忆过程中同时起主导作用的记忆类型。

5. 保持时间的分类

科学家们根据信息论的观点，根据记忆过程中信息保持的时间长短不同，将记忆分为短期记忆和长期记忆两个保持阶段。并通过一系列实验，进一步将这两个阶段分为：瞬时记忆、短时记忆、长时记忆和永久记忆四种。

6. 意识类型的分类

按心理活动是否带有意志性和目的性分类，可以将记忆分为无意记忆和有意记忆。（其中的"意"，心理学上的解释是指"意识"，意识问题很复杂，我们在这里将它解释为"意志性"和"目的性"，仅为了掌握。）结合记忆过程，还可以进一步分为：无意识记、无意回忆、有意识记和有意回忆四种。

无意记忆的四个特征：一是没有任何记忆的目的、要求；二是没有作出任何记忆的意志努力；三是没有采取任何的记忆方法；四是记忆的自发性，并带有片面性。

有意记忆相对于无意记忆，也具有四个特征：一是有预定的记忆目的和要求；二是需要作出记忆的意志努力；三是需要运用一定的记忆方法；四是具有自控性和创造性。

无意记忆和有意记忆是相辅相成的，并在一定的条件下可以相互转化。也就是说，无意记忆可以向有意记忆转化，有意记忆也可以向无意记忆转化。这些条件包括：一、实践或认识任务的需要是两者相互转化的根本条件。二、信息强度的变化是转化的重要条件。三、人的主观处于何种状态是转化的重要条件。四、所掌握的记忆技能的熟练程度是转化的必要条件。五、精神高度集中，然后思想放松，常常是有意记忆向无意记忆转化的有利时机。

提高记忆力的方法

记忆，就是过去的经验在人脑中的反映，它包括识记、保持、再现和回忆四个基本过程。其形式有形象记忆、概念记忆、逻辑记忆、情绪记忆、运动记忆等。记忆的大敌是遗忘，提高记忆力的实质就是尽量避免和克服遗忘。在学习活动中只要进行有意识的锻炼，掌握记忆规律和方法，就能改善和提高记忆力。

下面介绍增强记忆的 10 种方法：

1. 注意集中

记忆时只要聚精会神、排除杂念和外界干扰，大脑皮层就会留下深刻的记忆痕迹而不容易遗忘。如果精神涣散，一心二用，就会大大降低记忆效率。

2. 兴趣浓厚

如果对学习材料、知识对象索然无味，即使花再多时间，也难以记住。

3. 理解记忆

理解是记忆的基础。只有理解的东西才能记得牢记得久，仅靠死记硬背，则不容易记得住。对于重要的学习内容，如能做到理解和背诵相结合，记忆效果会更好。

4. 重复学习

即对学习材料在记住的基础上，多记几遍，达到熟记、牢记的程度。

5. 及时复习

遗忘的速度是先快后慢。对刚学过的知识，趁热打铁，及时温习巩固，是强化记忆痕迹、防止遗忘的有效手段。

6. 经常回忆

学习时，不断进行尝试回忆，可使记忆有错误得到纠正，遗漏得到弥补，使学习内容难点记得更牢。闲暇时经常回忆过去识记的对象，也能避免遗忘。

7. 视听结合

可以同时利用语言功能和视、听觉器官的功能来强化记忆，提高记忆效率，比单一默读效果好得多。

8. 多种手段

根据情况，灵活运用分类记忆、图表记忆、缩短记忆及编提纲、做笔记、卡片等记忆方法，均能增强记忆力。

9. 最佳时间

一般来说，上午9~11时，下午3~4时，晚上9~10时，为最佳记忆时间。利用上述时间记忆难记的学习材料，效果较好。

10. 科学用脑

在保证营养、积极休息、进行体育锻炼等保养大脑的基础上，科学用脑，防止过度疲劳，保持积极乐观的情绪，能大大提高大脑的工作效率，这是提高记忆力的关键。

提高记忆力的途径

提高记忆力的途径主要是吃和练。

1. "吃"

吃也可以提高记忆力，这是科学家们建议的，吃一些富含磷脂的食物可以补充大脑记忆所需，比如鱼头，核桃、花生等植物的籽或核，还有蜂花粉、蜂皇浆等保健品也有一些奇特功效。

据报道，日本化学家发现，日本米酒中的一组酶抑制剂有增强记忆的作用。这些酶抑制剂可有效抑制大脑中的酶脯氨酰肽链内切酶（PEP）的活性，这种酶活性过大会降低记忆力。

据美国《洛杉矶时报》报道，适当食用包含天然神经化学的物质可以增强智力，也许还能防止大脑老化。这些有助记忆的食物包括水果和蔬菜、脂肪含量高的鱼类、糖、维生素 B 等。

人大脑中有无数个神经细胞在不停的进行着繁重的活动，科学研究证实，饮食不仅是维持生命的必需品，而且在大脑正常运转中也发挥着十分重要的作用。有些食物有助于发展人的智力，使人的思维更加敏捷，精力更为集中，甚至能够激发人的创造力和想象力。

营养保健专家研究发现，一些有助于补脑健智的食品并非昂贵难觅，而恰恰是廉价又普通之物，日常生活随处可见。以下几种食品就对大脑十分有益，脑力劳动者、在校学生不妨经常选食。

（1）牛奶。牛奶是一种近乎完美的营养品，如果用脑过度而失眠时，睡前一杯热牛奶有助入睡。

（2）鸡蛋。大脑活动功能、记忆力强弱与大脑中乙酰胆碱含量密切相关。实验证明，吃鸡的妙处在于：当蛋黄中所含丰富的卵磷脂被酶分解后，能产生出丰富的乙酰胆碱，进入血液又会很快到达脑组织中，可增强记忆力。国外研究证实，每天吃 1~2 枚鸡蛋就可以向机体供给足够的胆碱，对保护大脑、提高记忆力大有好处。

（3）鱼类。它们可以向大脑提供优质蛋白质和钙，淡水鱼所含的脂肪酸多为不饱和脂肪酸，不会引起血管硬化，对脑动脉血管无危害，相反，还能保护脑血管、对大脑细胞活动有促进作用。

（4）味精。味精的主要成分是谷氨酸钠，它在胃酸的作用下可转化为谷氨酸。谷氨酸是参加人体脑代谢的唯一氨基酸，能促进智力发育，维持和改进大脑机能。常摄入些味精，对改善智力不足及记忆力障碍有帮助。由于味精会使脑内乙酰胆碱增加，因而对神经衰弱症也有一定疗效。

（5）花生。花生富含卵磷脂和脑磷脂，它是神经系统所需要的重要物质，能延缓脑功能衰退，抑制血小板凝集，防止脑血栓形成。实验证实，常食花生可改善血液循环、增强记忆、延缓衰老，是名副其实的"长生果"。

（6）小米。小米中所含的维生素 B1 和 B2 分别高于大米 1．5 倍和 1 倍，其蛋白质中含较多的色氨酸和蛋氨酸。临床观察发现，吃小米有防止衰老的作用。如果平时常吃点小米粥、小米饭，将益于脑的保健。

（7）玉米。玉米胚中富含亚油酸等多种不饱和脂肪酸，有保护脑血管和降血脂作用。尤其是玉米中含水量谷氨酸较高，能帮助促进脑细胞代谢，常吃些玉米尤其是鲜玉米，具有健脑作用。

（8）黄花菜。人们常说，黄花菜是"忘忧草"，能"安神解郁"。注意：黄花菜不宜生吃或单炒，以免中毒，以干品和煮熟吃为好。

（9）辣椒。辣椒维生素 C 含量居各蔬菜之首，胡萝卜素和维生素含量也很丰富。辣椒所含的辣椒碱能刺激味觉、增加食欲、促进大脑血液循环。近年有人发现，辣椒的"辣"味还是刺激人体内追求事业成功的激素，使人精力充沛，思维活跃。辣椒以生吃效果更好。

（10）菠菜。菠菜虽廉价，但它属于健脑蔬菜。由于菠菜中含有丰富的维生素 A、C、B1 和 B2，是脑细胞代谢的"最佳供给者"之一。此外，它还含有大量叶绿素，也具有健脑益智作用。

（11）橘子。橘子含有大量维生素 A、B1 和 C，属典型的碱性食物，可以消除大量酸性食物对神经系统造成的危害。考试期间适量吃些橘子，能使人精力充沛。此外，柠檬、广柑、柚子等也有类似功效，可代替橘子。

（12）菠萝。菠萝含有很多维生素 C 和微量元素锰，而且热量少，常吃有生津、提神的作用，有人称它是能够提高人记忆力的水果。菠萝常是一些音乐家、歌星和演员最喜欢的水果，因为他们要背诵大量的乐谱、歌词和台词。

2. "练"

好的记忆力都是练出来的,包括世界级的记忆大师们也都是靠后天训练培养出来的超级记忆力,一般的,比较有效的训练方法有三个:

第一是速读法(又叫全脑速读记忆):速读法是在快速阅读的基础上进行记忆训练的,实际上,两者是同时进行也是相辅相成的,别以为阅读速度快了记忆就差了,因为这里靠的不是左脑意识的逻辑记忆,而是右脑潜意识的图像记忆,后者比前者强 100 万倍。通过速读记忆训练的朋友都知道,速度越快记忆越好,关于这个问题只要你实践一下就会有所体会。

第二是图像法(又叫联结记忆术):图像法也是运用右脑的图像记忆功能,发挥右脑想象力来联结不同图像之间的关系,从而变成一个让人记忆深刻的故事来实现超大容量的记忆。

第三是导图法(又叫思维导图):思维导图是一个伟大的发明,不仅在记忆上可以让你大脑里的资料系统化、图像化,还可以帮助你思维分析问题,统筹规划。

锻炼记忆力的技巧

1. 多听音乐帮助提高记忆

保加利亚的拉扎诺夫博士以医学和心理学为依据,对一些乐曲进行了研究,发现巴赫、亨德尔等人的作品中的慢板乐章,能够消除大脑的紧张,使人进入冥想状态。他让学生们听着节奏缓慢的音乐,并且放松全身的肌肉,合着音乐的节拍读出需要记忆的材料。学习结束之后,再播放两分钟欢快的音乐,让大脑从记忆活动中恢复过来。很多试过这种方法的学生都觉得记忆效果很好。

2. 背诵经典提高记忆

人常常会背诵一些名篇、成语、佳句、诗歌短文等,那可是锻炼记忆力的"硬功夫"呀。马克思青年时就是用不熟练的外文背诵诗歌来锻炼自己的记忆力的。每天坚持 10 至 20 分钟的背诵，也能增进记忆力。

3. 身心运用记忆效率高

科学证明，正确的重复是有效记忆的主要方法，特别是人在学习中通过自己的脑、手、耳、口并用进行知识记忆时，记忆的效率高效果好。因为当你记忆时，应该用脑想，也要口念、手写，在学习中不知不觉地调动了自身更多的记忆"通道"参加记忆，这样使自己的记忆痕迹加深，记忆效果当然更好。

4. 奇思怪想强记忆

我们在学习与看书时往往记不住一些数字、年代，如果你善于联想记忆，便好记了。如桩子表和房间法或叫罗马房法和图像字法，是联想法的具体化。你可以将桩子或房间用来当成图像的存放处桩子，原理就是让要记忆的东西来跟已知的东西做连接。原来的东西就叫"桩子"，把新的要记忆的事物与桩子连接，此法用于大量数据和外语的记忆。

5. 多咀嚼能增记忆力

科学证明：人的咀嚼是能有效防止记忆衰退方法之一。其原因在于咀嚼能使人放松，如果老人咀嚼得少，其血液中的荷尔蒙就相当高，足以造成短期记忆力衰退。如我们在观察人群中就会发现，经常咀嚼的人牙齿就好，吃饭更香，学习能力和记忆能力也随之增强。

6. 唠叨助长记性

唠叨，在某种程度上帮助女性延长了记忆和寿命，在语言运用中重复说某一个事情某一个人，经常地重复当然加深关注和记忆。专家认为，女性比男性更乐于与人言语交流，男性进入老年期后，沉默寡言居多。而言语是不可或缺的心理宣泄方式，可防止记忆衰退。

7．巧妙饮食助记忆

摄取适量的"健康油脂"可减少血栓的发生，例如橄榄油、鱼油是维持血液正常循环的好选择，含有丰富维生素、矿物质的蔬菜水果也是保持健康的上佳选择。有不少人不是记忆不得法，而是大脑中缺乏记忆信息传递员，即乙酸胆碱。如果你经常吃点上述食物，便可极大地改善你的记忆力。

8．多玩耍增强记忆力

人的躯体活动能改善健康情况，精神活动则能减轻记忆力衰退。那些爱玩爱活动的人们兴趣广泛、知识面广，记忆也强。科学证明：爱跳舞、读书、玩纸牌、学外语等活动项目都能在不同程度上增加神经突触的数目，增强神经细胞间的信号传导，巩固记忆。

9．运动健身可防止记忆衰退

一般情况而言，身体健康、爱好体育运动和热爱生活的人精力充沛，学习力强记忆力当然也强，人们在锻炼身体时可以促进大脑自我更新。专家认为，长期的心血管运动可以减少因年龄增长出现的脑组织损失，减轻记忆力衰退。多项研究表明，要保持大脑活跃，只需经常运动。经常走路的老年人在记忆测试中的表现要比那些惯于久坐的同龄人好。通过向消耗能量的大脑输入额外的氧气，锻炼能增强智力。

最新研究还反驳了人出生后就不能再产生新的脑细胞这种说法。相反，研究发现体育锻炼实际上能促进新脑细胞的增长。在老鼠身上，锻炼引起的脑力增强效果在与学习和记忆有关的海马状突起上表现得最为明显。

10．家庭幸福感情愉悦防脑衰

大量社会调查早已证明，家庭幸福对学习者而言是提高学习记忆力必要条件，特别是相恋的人会使双方体内分泌激素和乙酰胆碱等物质，有利于增强机体免疫力，延缓大脑衰老。

四　思维力

什么叫思维力

　　思维力是人脑对客观事物间接的、概括的反映能力。当人们在学会观察事物之后，会逐渐把各种不同的物品、事件、经验分类归纳，不同的类型都能通过思维进行概括。

　　思维科学认为，思维是人接受信息、存贮信息、加工信息以及输出信息的活动过程，从思维的本质来说，思维是具有意识的人脑对客观现实的本质属性、内部规律的自觉的、间接的和概括的反映。

　　通过多维立体的思考找出一类事物共同的、本质的属性和事物间内在的、必然的联系方法的能力，属于理性认识。当人们在学会观察事物之后，会把各种不同的物品、事件、经验分类归纳，不同的类型都能通过思维进行概括，这就是思维的特点。

思维力的提高方法

　　1. 思维力的表现方式

　　智力水平主要通过思维能力反映出来。思维水平的高低，反映一个人智力活动水平的高低，它从不同方面表现出来：

　　第一，独立性。思维能力强的人必定是善于独立思考的人。即使他请教别人、查阅资料，也是以独立思考为前提的。

　　第二，灵活性与敏捷性。对事物反应迅速而且灵活，不墨守成规，能较快地认识、解决问题。

第三，逻辑性。思考问题严谨而且科学，得出的结论有充足的理由和证据，思路清晰。

第四，全面性。看问题不片面，能从不同角度整体地看待事物。

第五，创造性。对问题能提出创造性见解，别人没想到的他也能够想到。

2. 思维力的提高方法

思维能力是指正确、合理思考的能力。即对事物进行观察、比较、分析、综合、抽象、概括、判断、推理的能力，采用科学的逻辑方法，准确而有条理地表达自己思维过程的能力。它与形象思维能力截然不同。

思维能力不仅是学好数学必须具备的能力，也是学好其他学科、处理日常生活问题所必需的能力。数学是用数量关系（包括空间形式）反映客观世界的一门学科，逻辑性很强。

第一，灵活使用逻辑。有思维能力不等于能解决较难的问题，学数学可知，解题多了，你就知道必须出现怎样的情况才能解决问题，可叫数学哲学。总的来说，文科生与理科生差异在此，不在思维的有无。同时，现实中人们认为逻辑思维能力强的，实际上是思想能力强。

第二，参与辩论。思想在辩论中产生，包括自己和自己辩论。

第三，敢于质疑。包括权威结论和个人结论，如果逻辑上明显解释不通时。

第四，培养独立思考的习惯。有的学生遇到疑难问题，总希望老师给他答案。有些老师直接把答案告诉学生，这对发展学生的智力没有好处。高明的老师面对学生的问题，应告诉他们自己寻找答案的方法，启发学生运用自己学过的知识和经验去寻找答案。当学生自己得出答案时，他会充满成就感，而且会产生新的学习动力。

思维力的训练方法

思维能力的训练是一种有目的、有计划的系统的教育活动，人的天性对思维能力具有影响力，但后天的教育与训练对思维能力的影响更大、更深。许多研究成果表明，后天环境能在很大程度上造就一个新人。

思维能力训练的主要目的是改善思维品质，提高学生的思维能力，只要能实际训练中把握住思维品质，进行有的放矢的努力就能顺利地坚持下去。思维并非神秘之物，尽管看不见，摸不着，但它却是有特点、有品质的普遍心理现象。

1．推陈出新训练法

当看到、听到或者接触到一件事情、一种事物时，应当尽可能赋予它们新的性质，摆脱旧有方法束缚，运用新观点、新方法、新结论，反映出独创性，按照这个思路对学生进行思维方法训练，往往能收到推陈出新的结果。

2．聚合抽象训练法

把所有感知到的对象依据一定的标准"聚合"起来，显示出它们的共性和本质，这能增强学生的创造性思维活动。这个训练方法首先要对感知材料形成总体轮廓认识，从感觉上发现十分突出的特点；其次要从感觉到共性问题中肢解分析，形成若干分析群，进而抽象出本质特征；再次，要对抽象出来的事物本质进行概括性描述，最后形成具有指导意义的理性成果。

3．循序渐进训练法

这个训练法对学生的思维很有帮助，能增强领导者的分析思维能力和预见能力，能够保证领导者事先对某个设想进行严密的思考，在思维上借助于逻辑推理的形式，把结果推导出来。

4．生疑提问训练法

此训练法是对过去一直被认为是正确的东西或某种固定的思考模式提出新观点和新建议，并能运用各种证据来证明新结论的正确性，这也标志着一个学生创新能力的高低。训练方法是：首先，每当观察到一件事物或现象时，无论是初次还是多次接触，都要问为什么，并且养成习惯；其次，每当遇到工作中的问题时，尽可能地寻求自身运动的规律性，或从不同角度、不同方向变换观察同一问题，以免被知觉假象所迷惑。

5．集思广益训练法

此训练法是一个组织起来的团体中，借助思维大家彼此交流，集中众多人的集体智慧，广泛吸收有益意见，从而达到思维能力的提高。此法有利于研究成果的形成，还具有潜在的培养学生的研究能力的作用。因为，当一些富于个性的学生聚集在一起，由于各人的起点、观察问题角度不同，研究方式、分析问题的水平的不同，产生种种不同观点和解决问题的办法。通过比较、对照、切磋，这之间就会有意无意地学习到对方思考问题的方法，从而使自己的思维能力得到潜移默化的改进。

创造性思维的培养

逻辑思维本身虽然不大可能像形象思维与直觉思维那样直接形成灵感或顿悟。但是，时间逻辑思维又是创造性思维过程中的一个不可缺少的要素，这是因为，不论是形象思维还是直觉思维，其创造性目标的最终实现都离不开时间逻辑思维的指引、调节与控制的作用。

例如，"大陆漂移说"尽管是起源于对世界地图的观察与想象，但是在 20 世纪初期曾进行过这类观察和想象的并非只有德国的魏格纳一个人，当时美国的泰勒和贝克也曾有过同样的观察和想象，并且也萌发过大陆可能漂移的想法，但是最终未能像魏格纳那样形成完整的学说。其原因就在于，这种新观点提出后，曾遭到传统"固定论"者（认为海陆相对位置固定的学者）的强烈反对。泰勒和贝克等人由于缺乏基于逻辑分析的坚定信念的支持，不敢继续朝此方向进行探索，所以最终仍停留在原来的想象水平上。只有魏格纳（他原来是气象学家）利用气象学的知识对古气候和古冰川的现象进行逻辑分析后，所得结论使其仍坚持原来的想象，并在这种分析结论的指引与调控下，对大洋两侧的地质构造及古生物化石作了深入的调研，终于在 1915 年发表了著名的《大陆和海洋的起源》一书，以大量的证据提出了完整的"大陆漂移说"。

又如，阿基米德在盆浴时发现水面上升与他身体侵入部分体积之间的内隐关系，固然是由于直觉思维（把握事物之间的关系）而产生的顿悟，但是这种顿悟并非凭空而来的。这是因为阿基米德事先通过逻辑分析、推理知道，如果是纯金的皇冠，由于其密度已知，在体积一定的条件下其重量很容易计算出来，再与皇冠实际测量出的重量相比较，即可确定皇冠是否用纯金制成。换句话说，只要能测量出其体积就能计算其重量，也就能据此判定是否掺有杂质，于是问题的关键就转化为如何测量皇冠的不规则体积。正是在这一逻辑思维结论的指引下，阿基米德才能把自己直觉思维的焦点指向与皇冠体积测量相关联的事物。才有可能在盆浴过程中发生顿悟。而在此之前，尽管阿基米德也曾在千百次盆浴中看到过同样的现象，却从未能发生类似的顿悟，就是由于缺乏上述逻辑思维指引的缘故。

以上事实表明，逻辑思维虽然不能直接产生灵感或顿悟，但是，对创造性目标的实现却有指引和调控作用，离开逻辑思维的这种作用，光靠形象思维和直觉思维，创造性活动是不可能完成的。

创造性思维的训练方法

1. 模糊思考法

有人用一只大木笼，装了一只鹿，一只獐，送给王元泽的父亲王安石。

这时王元泽还是个小孩子。送东西的人问王元泽：

"你看，这笼子里哪个是鹿？哪个是獐？"

王元泽不认识獐，也不认识鹿。他想了一下就回答说：

"鹿旁边的是獐，獐旁边的是鹿。"

大家听了都拍手叫好。

你觉得为什么王元泽的回答好呢？其实很简单，他就好在不明确，好在含糊其辞。这就是模糊思维法。

模糊思维法是与精确思维相对立的，但是模糊思维现象并非含混不清，更不是抛开逻辑，而是辩证思维，达到模糊与精确相统一，逻辑与非逻辑相结合，使之具有广泛的实用价值。社会生活中有些问题还非使用模糊思维不可。

在南朝时，齐高帝曾与当时的书法家王僧虔一起研习书法。有一次，高帝突然问王僧虔说："你和我谁的字更好？"

这问题比较难回答，说高帝的字比自己的好，是违心之言；说高帝的字不如自己，又会使高帝的面子搁不住，弄不好还会将君臣之间的关系弄得很糟糕。

这时候，王僧虔巧妙地回答："我的字臣中最好，您的字君中最好。"

虽然皇帝也听出了王僧虔的言外之意是自己的字比较好一些，但至少他也说了皇帝的字在的皇帝中是最好的。

高帝领悟了其中的言外之意，哈哈一笑，也就作罢，不再提这事了。

可见，在许多场合，有一些话不好直说不能直说也无法明说，模糊回答法就比较合适。怎样进行模糊思考呢?

(1)歧义模糊

在特定情况下，根据需要有意识地利用歧义，制造歧义是一种机智的模糊思维法。

鲁迅在厦门大学任教期间，校方号召开一次专门会议，无理削减一半经费，遭到了与会人员的反对。

校长林文庆不但不予理睬，反而阴阳怪气地说:"关于这件事，不能听你们的。学校的经费是有钱人付出的，只有有钱人，才有发言权。"

他刚说完，鲁迅即从口袋里摸出两个银元"啪"的一声拍到桌子上，铿锵有力地说:"我有钱，我有发言权。"校长措手不及，哑口无言。

这里，鲁迅就把有钱这个词故意曲解了。

(2)谐音模糊

在汉语中，谐音给理解带来了一定的麻烦，但是，利用谐音也可以在思维及与他人交流和辩论中取得有利地位。

一天，苏东坡与和尚朋友一起泛舟赤壁。苏东坡见一条狗在河滩上啃骨头，马上灵机一动，说:"狗啃河上(和尚)骨。"朋友听苏东坡的诗中别有含义，于是回敬道:"水流东坡诗(尸)。"表面看来，两人好像是吟诗写实，颂扬风雅，但实际上两人都在互相戏弄，互相嘲笑。

2．立体思维法

有三个年轻的泥匠工人在一个工地上同砌一堵墙。

领导来视察，问道:"你们在干什么?"

第一个工人苦着脸说:"砌墙!"

第二个工人微笑地说："我们在盖一幢高楼。"

第三个人自豪地说："我们正在建设一个新的城市呢！"

十年之后，第一个人在另一个工地上砌墙；第二个人坐在办公室中画图纸，他成了工程师；第三个人则成了城市规划师。

一位心理学家曾经出过这样一个测验题：

在一块土地上种植四棵树，使得每两棵树之间的距离都相等。受试的学生在纸上画了一个又一个的几何图形：正方形、菱形、梯形、平行四边形……然而，无论什么四边形都不行。这时，心理学家公布出了答案，其中一棵树可以种在山顶上。这样，只要其余三棵树与之构成正四面体的话，就能符合题意要求了。这些受试的学生考虑了那样长的时间却找不到答案，原因在于他们没有学会使用一种创造性的方法——立体思维法。

立体思维法也叫整体思维法或空间思维法，是指对认识对象从多角度、多方位、多层次、多学科地考察研究，力图真实地反映认识对象的整体以及这个整体和其他周围事物构成的立体画面的思维方法。

立体思维要求人们跳出点、线、面的限制，有意识地从上下左右、四面八方各个方向去考虑问题，也就是要"立起来思考"。

古代印度的合罕王，打算重赏国际象棋的发明者——西萨。西萨向国王请求说："陛下，我想向你要一点粮食；然后将它们分给贫困的百姓。"

国王高兴地同意了。

西萨说："陛下，请您派人在这张棋盘的第一个小格内放上一粒麦子，在第二格放两粒，第三格放四粒……照这样下去，每一格内的数量比前一格增加一倍。用麦粒摆满棋盘上所有 64 个格子，我只要这些麦粒就够了。"

所有在场的人都觉得西萨很傻，连国王也认为西萨太傻了，但国王还是答应了西萨这个看起来微不足道的请求。

于是，国王派人开始在棋格上放麦粒，一开始只拿了一碗麦粒。在场的人都在笑西萨。随着放置麦粒的方格不断增多，搬运麦粒的工具也由碗换成盆，又由盆换成箩筐。即使到这个时候，大臣们还是笑声不断，甚至有人提议不必如此费事了，干脆装满一马车麦子给西萨就行了！

不知从哪一刻起，喧闹的人们突然安静下来，大臣和国王都惊诧得张大了嘴。因为他们发现，即使倾全国所有，也填不满下一个格子了！

事实上，你如果计算一下就会发现，最后一格的麦粒是一个长达20位的天文数字。这样多的麦粒相当于全世界两千年的小麦产量，国王当然是无法实现这个诺言的。就这样，西萨不仅显示了自己的智慧，而且为贫困的百姓争取到了足够多的粮食。

3. 链式思维法

美国阿拉斯加涅利新自然保护区动物园里生活着大量的鹿，当地居民经常可以看到狼把鹿群追得四处逃命，许多鹿被咬得鲜血淋漓。

动物园为了保护鹿群，便对狼进行了大围剿。不久，狼被消灭光了。鹿群没了天敌后，生活得非常安逸。它们整天在园子里吃草、休息，结果体质反而退化了，居然成群成群地死去。

为了不让鹿濒临灭绝，当地居民请来了著名的动物专家来想办法。动物专家在自然保护区内观察了一段时间后，居然又运了一些狼放在保护区内。

当地的居民非常不解，鹿快要死光了，再放一些狼进去，鹿不是死得更快吗？

但是，动物专家说："每一种生物都有天敌，这样可以通过自然淘汰保持生物的优良品种，促进生物的生存繁殖，这就是生物链。

失去了天敌，生物链就被破坏了，鹿自然走向了死亡。"

这就是链式思维。链式思维法是用分支树图的形式，首先设计出了各种可供选择的答案或因素，以表明它们之间的前后联系，然后从中权衡。

链式思维的关键是要想到一个事物与其他事物是形成一条链的，每个事物都像锁链上的一个环，环环相连。只要提起一个事物，就要想到第二个事物，然后是第三个，一直想到最后一个。

例如，我们打算记忆以下 10 个词语：月亮、嘴巴、鸡、飞机、树林、水桶、唱歌、篮球、日记、床。就可以通过链式思考来记忆。我们可以这样联想：

第一步，把月亮和嘴巴通过联想联系起来，可以这样想像：弯弯的月亮长着一个圆圆的嘴巴；

第二步，把嘴巴与鸡联系起来，可以接着往下想：月亮正张开嘴巴要吃东西，突然看一只鸡走了过来，于是嘴巴赶紧停止吃东西，想跟鸡打招呼；

第三步，把鸡与飞机联系起来，可以接着往下想：但是，鸡却不想理月亮，它坐上飞机飞走了；

第四步，把飞机与树林联系起来，接着往下想：鸡开着飞机来到一片树林里；

第五步，把树林与水桶联系起来，接着往下想：树林里有一群伐木工人正在伐木，他们要用树木来做水桶；

第六步，把水桶与唱歌联系起来，接着往下想：一只只水桶做出来了，成群的水桶居然在树林唱歌；

第七步，把唱歌与篮球联系起来，接着往下想：水桶唱歌的声音把篮球给引了过来，他非常奇怪水桶居然有这么动听的歌声；

第八步，把篮球与日记联系起来，接着往下想：篮球回到家，把自己看到的东西写在了日记上；

第九步，把日记与床联系起来，接着往下想：篮球写完日记，觉得非常累，就上床睡觉去了。通过这样的联想，就把上面这10个词语给联系起来了。当然这里的联想有点麻烦，但是，只要你习惯以后，这种联想在很短时间内就能完成。

五 想象力

什么叫想象力

想象力是人在已有形象的基础上，在头脑中创造出新形象的能力。比如当你说起汽车，我马上就想象出各种各样的汽车形象来就是这个道理。因此，想象一般是在掌握一定的知识面的基础上完成的。

想象力是在头脑中创造一个念头或思想画面的能力。在创造性想象中，运用想象力去创造希望去实现的一件事物的清晰形象，不断地把注意力集中在这个思想或画面上，给予它以肯定性的能量，直到最后它成为客观的现实。

想象力的伟大是我们人类比其他物种优秀的根本原因。因为有想象力，我们才能创造发明，发现新的事物定理。如果没有想象力，人类将不会有任何发展与进步。爱因斯坦之所以能发现相对论，就是因为他能经常保持童真的想象力；牛顿能从苹果落地，而想象到万有引力这一个科学的重大发现都是因为有了想象力。

根据现代科学推论，人类最早的想象力源于火，我们的祖先曾经过着和动物一样茹毛饮血的生活，食物都是生吃。一次闪电产生森林大火烧死了很多动物，我们的祖先跑了出来，也有部分烧死在森林里面。因为肚子实在太饿，他们只有拿那些烧熟的已死亡的动物来吃，这使他们发现熟的食物很好吃，能让人体更好地吸收营养；另一方面动物体内的寄生虫也因为火的作用而杀死从而减少人类疾病的发生。

食物的吸收使大脑含量的增加。我们的祖先便开始想怎么样利用火取暖，想怎么利用火去干一切对自己有利的事情。这样，渐渐就通过想象力创造了文字、语言、科技，发明一些新的事物。如火烧过的食物使人类体能增加，其他动物都是很怕火的，我们的祖先就利用火战胜了这些动物。能力的增加又使他们开始对未知事物感兴趣，于是就开始了探索之路。

想象力的形式

在谈想象力的培养前，我们首先来看想象力的几种形式。

1. 空间想象力

空间想象力主要是指在头脑中浮现出真实物体的形状或形象。机械工程师要考虑各种零配件的形状，以及这些零配件组合状况，甚至还要考虑一套机械系统运动起来的状况，这些都要在头脑中进行，这当然也是空间想象力。

2. 搜索联想

在头脑中进行搜索联想。比如，爱迪生在发明点灯时，不断在头脑中考虑采用什么材料做灯丝；而一个流落荒岛的人，手边没有刀，但他需要一个切割东西的利器，他在头脑中进行了一番搜索联想，最后采用了打碎一块石头，然后挑取其中一块比较锐利的薄碎片，这样他就有了切割工具；司马光救人时，在头脑中迅速地联想，然后想到了采用一块石头来砸碎缸；一群人到野外游玩时，要喝饮料却发现没有吸管，这时候其中一个人在麦田中折了一根麦管，这样变通的想法也很有想象力。

还有这样一个例子，一个年轻人在工程队中从事道路施工的工作，当工程队挖坑修路时需要一个红灯泡来提醒路人，但却发现红灯泡没了，只有普通的灯泡。在别人不知该怎么办时，这个年轻人想出了一个主意，他找了一块红布将灯泡裹上，这样就起到了红灯泡的作用。这个年轻人显然很有想象力，最后发展得很不错，受到了提拔重用，从一个普通的员工变成一个独当一面的领导者。

3. 自动组合

在头脑中将采用的各要素进行组合。比如，时装设计师会在头脑中考虑采用什么样的面料，什么样的颜色，什么样的款式，然后将这些要素不断在头脑中进行组合变化，最后在头脑中形成一套搭配合理、令人赏心悦目的一套服装。

音乐家在作曲时会在头脑中反复想象，以将不同的音符组合成一段美妙的旋律，然后又能将若干段旋律组合成一只好听的曲子。在考虑演奏这首曲子时，还要在头脑中反复实验来确定由什么样的乐器来演奏，哪一段旋律应该有什么样的乐器组合在演奏。这样的组合实验是在头脑中反复进行的，如果没有较为发达的想象力，是不足以胜任的。

对于舞蹈设计者而言，他们所要考虑的是手臂的姿态、腿脚的姿态、躯干及头的姿态之间的组合，这些不同的组合组成了千变万化的舞蹈动作。而如果是集体的舞蹈，舞蹈演员在舞台上的形成的不同位置组合又会形成不同的舞蹈场面。显然，舞蹈的创作是需要舞蹈设计者在头脑中反复编排的。

而足球教练员会在头脑中考虑该如何从数十名乃至于上百名球员中，挑选出一个11人，来进行比赛，而这11人在场上又可以形成不同的位置组合阵容。这种组合方案是有非常多的选择的，如何确定最适合比赛的阵容，需要在头脑中不断模拟、反复进行。

富有想象力的厨师，会将别人意想不到的配料搭配组合在一起，并且在各种配料的先后烹饪顺序上也有独特的创新。而平庸的厨师则是仅仅按照既有的菜谱，循规蹈矩地重复着以往的程序。

孙膑的"田忌赛马"也是如此，本方有三种马，对方也有三种马，如果进行较量会有很多种组合次序，但孙膑在头脑中进行一番组合，排出了"优对良，良对劣，劣对优"的组合次序，这样的方式显然比一次赢一次。

在平定南方后准备北伐之际，朱元璋与手下讨论如何进行北伐。常遇春说，直接集中兵力去攻打元都。朱元璋却说不可，他认为：元朝百年都城，防御必严，工事必坚，假定大军孤军深入，元军断我粮道，攻城非一日可克，元朝四方援军可至，进退无据，大事去矣。故宜先取山东，撤掉大都屏风；回师下河南，断其羽翼；进据潼关，占其门户。待彻底扫清其外围据点，确保粮道畅通，再进围大都，自然水到渠成，手到擒来。由上可以看出朱元璋过人的想象力。如何北伐有很多种进攻路线或很多种进攻策略，但朱元璋发达的想象力却使其能够在头脑中将这些进攻路线——模拟出来，摒弃掉不利于己方的进攻次序，然后审时度势地选择出最好的进攻次序，从而保证了北伐的顺利进行。

4. 综合考虑

在做事前，应对可能发生的事情有所预料，并采取相关对策。比如两个棋手下棋，水平高的就要考虑自己走一手棋后，对方该怎么走，如果不考虑对方的走法，那是无法提高自身的棋力的。国际象棋、围棋也是如此，国际象棋冠军卡恩帕罗夫能够同每秒运行数万亿次的"深蓝"一较高下；职业围棋选手李昌镐、常昊这样的高手不仅能够在走每步时考虑种种情况，甚至能把这种考虑延伸到百步开外，他们发达的想象力着实令人佩服。

一个工程师设计电梯时也要考虑种种情况。比如当电梯停在8

楼时，15楼有人按钮之后，9楼又有人按钮，这种情况该怎么处理；当上升的电梯正要运行到9楼时，7楼和13楼的人同时按钮怎么办；当同一楼层有人连续按动了好几次的按钮该怎么办等等。电梯并非是高科技产品，但我们仍可看到电梯的设计具有相当的复杂性。

再比如古代一个带兵打仗的将领，当他安营扎寨时，必须考虑各种情况的发生，这些情况都应在头脑中进行模拟，然后制订出一个较为完善的驻扎方案。如果毫不考虑，一旦有情况发生，则会手忙脚乱、自乱阵脚。

而在现代战争中情况更为复杂，无论攻防都需要考虑更多的因素。朱可夫在指挥斯大林格勒保卫战时，要在头脑中反复地演练攻防的场景，反复地考虑敌方会采取什么样的行动，以确定自己的兵力该如何配置，防御该如何展开。而敌方将领也在绞尽脑汁地考虑如何能进攻得手。双方的较量从某种程度上来说，就是各自统帅的想象力的较量。最后，朱可夫更胜一筹，不但成功地挫败了德军的进攻，而且还指挥苏军成功地转入了反攻。

5. 头脑演示

小说家、科幻作家、编剧、导演的想象力主要是这一类型的，他们要在头脑中考虑人物的音容笑貌，想象故事的发生发展，这是一种比较标准的"在头脑中模拟事情发生发展"的想象力形式。

我们注意到，许多事情所需要的想象力实际上并不是单一的形式，而是表现出很多形式，比如足球教练，他既要能在头脑中演练战术组合，也要考虑比赛过程中出现的种种情况。而作家不仅要能在头脑中展开故事情节，还需要在动手写作时进行词语的排列组合以形成顺畅的语句，还要反复在头脑中模拟整个小说的结构该如何搭配。

以上所谈及的各种想象力的形式并不能涵盖所有的想象力，但不管是怎样形式的想象力，它们都有一个共同的特征，那就是在头脑中模拟事物的形象、模拟事情运行，以及在头脑中反复作实验。

想象的规律

1. 想象的功能

第一，预见功能。心理学的研究表明，人从事任何活动之前，都必须首先在头脑中确立定向目标，即能够想象出活动过程及其结果，一旦活动过程结束，将是头脑中预定观念的实现，于是人的活动就有了主动性、预见性和计划性，这有助于活动的顺利完成。科学家的发明、工程师的设计、作家的人物塑造、艺术家的艺术造型等活动都离不开人的想象，都是想象预见性的体现。学生的学习也是一样，一个想象力贫乏的学生考虑问题的思路必然狭窄，也不可能有很高的分析问题和解决问题的能力，其智力发展也是不充分的。

第二，补充功能。在现实生活中，有许多事物是人们不可能直接感知到的。如由于时间、空间的限制，原始人生活的情景、千百万年前发生的地壳变动和历史变迁、远方的风云变幻、各种宏观世界与微观世界的结构与运动状况等。在这种情况下，我们可以借助想象，弥补人类认识活动的时空局限和不足，超越个体狭隘的经验范围，扩大人的视野，对客观世界产生更充分、更全面、更深刻认识。

第三，替代功能。在现实生活中，当人们的某种需要不能实际得到满足时，可以利用想象从心理上得到一定的补偿和满足。例如，儿童想当一名飞行员，但由于他的能力所限而不能实现，于是就在游戏中，手拿一架玩具飞机在空中舞起来，满足了自己当飞行员的愿望。在哑剧的表演中，许多布景和实物是通过演员形象化的动作来唤起观众的想象而获得良好效果的。在日常生活中，人们也常常从想象中得到某种寄托和满足。为此，生活因梦想而升华，因梦想而完美。

2. 再造想象产生的条件

再造想象的产生应具有以下三个条件。

第一，必须具有丰富的表象储备。表象是想象的基本材料，一个人的知识经验越丰富，表象储备越多，再造想象的内容也就越丰富。再造想象不仅依赖于已有表象的数量，而且也依赖于已有表象的质量，正确反映客观现实的材料越丰富，再造出来的想象内容就越正确。如果缺乏必要的表象材料，在想象时就有可能歪曲事物形象，或者无法产生所要求的形象。

第二，为再造想象提供的词语及实物标志要准确、鲜明、生动。

准确、鲜明、生动、形象的语言及实物标志便于人们理解并正确地再造想象，而含糊不清、模棱两可的东西，人们就很难正确、逼真地进行想象。例如，古代描写女子用"樱桃口""杏核眼""柳叶眉"等作比喻来描述，显得十分形象、逼真，想象起来也比较容易。一个建筑设计师设计的建筑图纸使用的有关符号、标志必须准确清楚，才能在建筑工人头脑中形成相应的建筑物的形象，否则别人看不懂或出现曲解。

第三，正确理解词语与实物标志的意义。再造想象是依赖语言的描述和图样的示意而进行的。一个人读小说，如果读不懂文字，他头脑中就不可能有小说中主人公的形象出现；一个建筑工人，如果不懂建筑符号的表现法，他也无法看懂建筑图，头脑中也不会出现相应的建筑物的形象；一个刚入学的儿童，在他识字和掌握词汇不多的情况下，让其阅读古诗文，是很难形成丰富的再造想象的。可见，正确理解有关事物的描述，了解图样、图解的表现法和各种符号的含义是形成再造想象的重要条件。

3. 创造想象产生的条件

第一，创造动机。社会不断地向人们提出创造新事物、解决新问题的要求，这种要求一旦被人接受，就会在人脑中变成创造性活动的需要和愿望。如果这种创造的需要和愿望与活动结合，并有实现的可能，就会转化为创造性活动的动机，人们就获得了创造想象的动力，也就会进行创造想象。

第二，丰富的表象储备。进行创造想象，首先要对有关事物进行细致观察，储备丰富的表象材料。因为，想象决定于已有表象材料的数量和质量。表象材料越丰富，质量越高，人的想象也就会越广、越深，其形象也会越逼真；表象材料越贫乏，其想象越狭窄、肤浅，有时甚至完全失真。

第三，积累必要的知识经验。要进行创造想象，还必须对有关领域进行深入研究，掌握必要的知识。每一个发明创造都是发明者对相应领域深入研究的结果。例如，牛顿对物理学的研究，发现了三定律；达尔文对生物学的研究，写出了《物种起源》；李时珍对医药学的研究，写出了著名的医药书《本草纲目》。可见，只有就某一领域深入研究，掌握必要的知识，才能在相应的领域展开想象的翅膀，进行创造想象。

第四，原型启发。所谓原型，就是起启发作用的事物。任何一个人对某一项目的发明创造或革新，都不是凭空想象出来的，在开始时总要受到某种类似的事物或模型的启发。例如，鲁班从丝茅草割破手得到启发，发明了锯子；阿基米德原理是阿基米德在洗澡时看见水溢出盆外得到启发而发现的；瓦特发明蒸汽机是受到蒸汽冲开壶盖的启发；现代仿生学则是在生物的某些结构和机能的启发下，进行科学想象，研制出许多精巧的仪器。原型之所以有启发作用，是因为事物本身的特点与所创造的事物之间有相似之处，存在某些共同点，可以成为创造新事物的起点。某一事物能否起到原型启发的作用，还取决于创造者的心理状态，特别是创造者当时的思维状态。当人的思维积极而又不过于紧张时，往往能激发人的灵感，从而导致人的创造活动。

第五，积极的思维活动。创造想象不是一般的想象，而是一种严格的构思过程，必须在思维的调节支配下进行。积极的思维活动就是在创造想象过程中，把以表象为基础的形象思维与以概念、判断、推理为手段的逻辑思维结合起来。一方面，有理性、意识的支配调节；另一方面，积极捕捉生活经历中各种有利于主体目标形象产生的表象，并迅速地把它们组合配置，完成新形象的创造思维活动。

第六，灵感的作用。在创造想象的过程中，新形象的产生往往带有突然性，这种突然出现新形象的状态，称为灵感。例如，我们有的时候写文章，虽然经过长期构思酝酿，但久久不能落笔，突然某一天灵感来了，思路有了，文章一气呵成。灵感出现时的特征：注意力高度集中于创造的对象上，意识活动十分清晰、敏锐，思维活跃。"思如泉涌"指众多新事物、新形象、新观念，不知不觉涌入脑中，它们相互结合、聚集或强调、突出，很多旧有的记忆被唤起，新形象似乎由天而降，使人突然茅塞顿开。灵感并不是什么神秘物，它是想象者个人在长期生活实践中勤于积累经验的结果，由于注意力高度集中于要解决的问题，过去积累的大量表象被唤起，并且迅速结合，构成了新的形象。正如大发明家爱迪生所说，天才，就是百分之一的灵感加百分之九十九的汗水。

想象力的好处

无论在生活中还是在工作中，想象力都有着广泛的应用。我们应该对这种能力进行有意识的培养，那么，想象力究竟有哪些好处呢？

1. 在很多方面，想象力是必不可少的

在我们的生活中以及工作中，很多事情都有现成的答案，我们只需要记住该怎么办就可以处理好事情了。比如，我们买回一台新式样的彩电，虽然彩电的功能很多，但是我们只要翻阅一下使用手册，记住相关操作，我们就可以自如地操纵电视机来观看节目了；一个商店售货员，虽然商店中的商品很多，但是只要她记熟各种商品的价格之后，就可以完成售货工作；汽车装配流水线上的工人只需要记住几项操作，然后非常熟练地完成即可；而一名擅长题海战术的学生，其通过大量地做题熟悉了相当多的题目做法，当其在考试中面对很熟悉的题目时，只需将记住的做法写上去就可以了。显然，以上所说的事情，有了记忆力，记住该怎么做就行了。

很多人也总是想方设法地提高自己的记忆力，希望在面对任何问题时都能够用记住的东西照办。记忆力当然很重要，而且我们确实要记住很多东西来完成生活和工作中的任务。

然而，还有相当多的事情。并不是都有现成答案的。若想完成任务，需要具备想象力，要能够在头脑中反复地作实验，然后筹划出方案。

同样，一个服装设计师，如果不能在头脑中运用想象力进行各种面料、色彩、款式的组合搭配，不能设计出新款服饰，那他也只能被称为服装裁剪师。音乐家当然也要能在头脑中进行各种音符的组合，旋律的搭配，经过反复实验后，才能创作出曲子来。

所以，对于设计、策划、创作以及制订计划等这类较为复杂的工作，想象力是必不可少的，仅靠记忆力是根本不能完成任务的。

2. 较为发达的想象力能够使人制定出较为完善的方案

仍以建筑设计师为例，如果他没什么想象力，或想象力不够发达，不能够在头脑中不断地进行反复想象。则他的设计方案很可能不够完善，比如仅对建筑的外观进行了一番考虑，却没有对内部结构进行有针对性的设计。当这样草率的方案付诸实施后，在施工到一半时，忽然发现建筑物内部结构强度不够，则必须推倒重建，这样就耽误了工期，滞后了进度，并且造成了很大的经济损失。而建筑师很可能也会为此丢掉工作。而如果他具有非常发达的想象力，能够在制订方案前，通过不断地在头脑中模拟房屋的建筑，则会最大限度地避免此类情况的发生。

对于一名营销人员来说也是如此，如果其在约见客户之前不在头脑中模拟见面时的场景，也不想象会出现什么情况，什么也没考虑，则面对对方抛出的问题，仓促之间很难给出一个令客户满意的答复，那么这次会面十有八九会失败。

由此可见，如果具有了相当的想象力，则会在做事前通过在头脑中的反复实验，从而选定一个比较完善的方案，这显然会使做事效率高且易成功。

3．想象力不需要什么成本

由于想象力是在头脑中作实验，所以运行快，而且不需要什么成本。

比如孙膑的田忌赛马，孙膑想出调换己方上中下三等马的出场次序从而赢得了比赛，这个方案非常巧妙。而孙膑并没有真正让实际的马作实验，他仅是在头脑中演练了若干种次序，显然这样节省时间，也不需要什么消耗。而如果真的让各种马匹按照不同的出场次序进行实际的演练，那就得需要非常大的排场，而且也需要耗费相当长的时间。

再比如我们搬入新居进行家具摆放时，如果我们毫无想象力，一遍一遍地摆放各个家具到不同位置，然后观看摆放是否合理，显然这样极为麻烦，又费时又费力。而如果我们在摆放家具前，先在头脑中想象一下家具的摆放位置，当想出较为合理的布局后，再进行实际的搬动，显然这样就方便多了。

4．发达的想象力还可以使人反应迅速

最典型的例子是司马光砸缸和曹冲称象。这两个例子中，两个小孩反应都非常迅速，在较短的时间内就想出了很好的解决办法。司马光快速的反应救了小孩一命；而曹冲快速的反应，则使得问题在现场就得到了很好的解决。另外，曹冲想到的称象的办法是一个相当有想象力的创意。这么短时间内能够想出这么好的方案，如果他生在现代，不受四书五经的束缚，肯定大有一番作为。

另外，许多人反应很快，这一方面是由于他们确实能在短时间内进行快速的想象，快速地在头脑中作实验；另一方面的原因则是，他们早已预见到了问题的发生，而且早已在头脑中想好了对策，所以当问题发生时，只需按照事先想出来的方案照办就是。比如一名优秀的辩手，其在实战中表现出的机敏、快速以及妙语连珠，实际上相当程度上来自于平时在头脑中进行的反复演练。

怎样培养想象力

想象力极其重要，但幸运的是培养想象力却不需要昂贵的设施以及开阔的场地。如果愿意，我们随时随地都可以培养。

和友人出去游玩时，可事先在头脑中制订一个出游计划，安排好出游路线，针对旅游中可能出现的各种问题，做好准备，想出好的对策。

当踢足球或打篮球时，要从教练的角度进行考虑，要能在头脑中浮现出比赛的场景，并且在头脑中模拟进行球员调度、战术演练。

还有，多尝试一下做智力题，比如下面三道智力题：

（1）烧一根不均匀的绳子，从头烧到尾总共需要 1 个小时，问如何用烧绳子的方法来确定半小时的时间呢？

（2）现在小明一家过一座桥，过桥时候是黑夜，所以必须有灯。现在小明过桥要 1 秒，小明的弟弟要 3 秒，小明的爸爸要 6 秒，小明的妈妈要 8 秒，小明的爷爷要 12 秒。每次此桥最多可过两人，而过桥的速度依过桥最慢者而定，而且灯在点燃后30秒就会熄灭。问小明一家如何过桥？

（3）有12个乒乓球特征相同，其中只有一个重量异常，现在要求用一部没有砝码的天平称三次，将那个重量异常的球找出来。

这三道智力题都是典型的考查想象力的问题，都要求在头脑中模拟事情发生，反复地在头脑中做实验，不断试验各种组合。对于前两道题，很多人都能做到仅在头脑中就能运行各种组合，而不必借助纸笔就能得出答案。而第三道题，看似简单，实际上有太多的称量组合方式，比如，第一次两边各放多少个，第二次两边各放多少个，第三次又该放多少个，每次该称量哪些球，哪些球称过了还要再称。显然，称量方式的组合数目大得惊人，由于组合数目过大，使得一般人的头脑运行空间严重不足，还要借助于纸笔来拓展运行空间。

当然，在工作中可以有更多想象力施展的机会，设计一个极有创意的产品，策划出一个效果非常好的营销方案。这样即提高自己的想象力，又能得到薪水的上涨和职位的提升。如果想象力非常发达，当发现公司的内部机构组成不够合理时，还可以在头脑中对整个公司的结构进行机构重组，从而设计出一个更为合理的组织结构，当想象力达到这种程度，已经可以自己干一番事业了。

想象力的训练方法

想象力是整个学习能力的核心，想象力提高了，其他学习力也会跟着提高。反之，想象力下降了，其他能力也会跟着下降。

因此，想象力训练是提升学习能力、同时也是深入开发大脑潜能的关键。

想象力训练的方法很多，要达到最大的效果，需要把握三个原则：快速、清晰、敏锐。

快速：是指想象的速度要快，要尽可能地快，要挑战自己的速度极限。例如，1 分钟内记住 100 个无规律的数字；20 秒之内把圆周率 100 位快速背诵出来等等。

清晰：是指想象的图像要尽可能的清晰。曼陀罗卡的训练，对于这方面会有很大的帮助。额前的屏幕想象也是非常有效的一个方法。当然，这些方法对于青春期以前的学生会更容易一些。另外，艺术家往往具有非常清晰的想象能力。

敏锐：是指能够调动出丰富的感觉。例如，当你想象一个苹果的时候，不仅可以清晰地看到这个苹果，而且能够闻到苹果的清香，甚至能体会到酸甜的感觉，能体会到用手摸上去的光滑的感觉等等。

把想象力的快速、清晰、敏锐这三方面都训练到极致，大脑的潜能就会被激发出来，许多不可思议的能力就会陆续出现。有兴趣的朋友不妨多训练、多体会。

在有限的范围中，要讨论出一个根本地改善想象力的方法，时间实在不够充分。以下，就尽可能地介绍几种既简单又能够提高想象力的方法。

（1）看看天花板的污渍或云朵的形状，然后在脑海中描绘出它的形象。

（2）在公共汽车车厢上看见某杂志周刊的广告，或是看了某本书的题目，便想象其中的内容，然后与实际的内容作比较，如此一来，就可以充分地把握自己的想象力。

（3）看书时，采用跳读方式；跳过的地方，运用想象力想象它的内容。

（4）看过电视转播的运动比赛以后，想象第二天报纸的标题，以及报道内容。

（5）以琐碎的小事和资料为基础，创造出一个故事。

（6）和人见面以前，事先预想会面对的状况，并且设想问题。

（7）对于尚未去过的地方，想象它周围的风景，建筑的样式，以及室内的建设。

（8）边看推理小说，边推测犯人。

（9）从设计图、地图、照片，想象实际的情况、实际的地方和事物。

（10）重视联想。如果开始联想，中途绝不要打断，要一直想到极限。这种飞跃性的联想是个好办法。

（11）将自己沉浸在另一时空中。读一部好的历史小说或科幻小说，自己往往会在突然的一瞬间，脱离了现代，陷入一种生活在过去或未来世界的错觉，这时候，过去、未来是富于有变化的，鲜明的形象会浮现在脑中，这种感觉可以称为"时间器的感觉"。

从时间器的观点来看，过去和未来是同样的一件事，只不过是目的地不一样而已。将自己沉浸在过去或未来的时间中，体会一下时间器的感觉，会将时间向过去和未来两个方向延长。这样一来，也将使先见之明和对未来的时间感觉更加敏锐。想要使对时间器的感觉更为敏锐，还是必须发挥丰富的想象力。

想象力是必要的，不仅艺术家或文学家需要它，而且每个人都得具备。回溯过去也是一样的情况，若是一味地死读史实以及书本的知识，不从这个范围中跨出一步，那么永远也不会产生时间器的感觉。

让想象力自由发挥，让历史上的事件浮现在脑中，洞察历史上的每一位人物的言行举止，以及他们的心理——这是种必要的感觉。

培养想象力应该注意的问题

了解了影响想象力的其他因素，我们来看这样一个现象：很多人在某个领域极具想象力，而在其他领域内却显得很一般甚至很笨拙。

比较典型的例子是家庭主妇，她们在布置家庭时显得极有灵气、极有创意，许多不起眼的东西经过她们的手便能化腐朽为神奇，成为装点家庭的很好饰物，她们的想象力在家庭的方寸空间内显现得淋漓尽致，这使得小家庭因为她们的想象力而变得温馨十足。还有她们织毛衣时，所采用的针法、毛线以及色彩图案搭配，甚至在开始织毛衣前所做的整体规划，其所表现的想象力都达到了很高的程度。然而，大部分家庭主妇对于自己的工作则没什么想象力，她们刻板地按照既定规程从事着日复一日的工作，在工作后则赶快返回家，不愿在工作岗位上多待一分钟。

我们也经常听说过许多科学家的例子，他们在自己的领域内才气纵横，新鲜大胆有创意的想法层出不穷，而他们在生活方面则显得很差，不会对家居布置有任何想法。

另外，许多小说家在小说的创作上也非常有想象力，故事情节的引人入胜，语言的新鲜别致，整体结构的别出心裁，这都体现了他们非凡的想象力。然而他们中的很多人面对一道需要想象力的智力题时，却常常会手足无措。

在应试教育下，确实有许多学生在求解偏题、怪题时体现出很强的想象力。但他们却在生活中往往表现得很木讷，经常被说成"书呆子"。

我国民众历来有打麻将的习惯，许多人在打牌时会很灵活地选择和牌组合，甚至还能猜出上下家要和哪张牌，这种想象力也并不差。但是他们中的大多数人一到工作时则毫无创意，普遍想法是能够把工作应付下来就足够了。

那么为什么会出现这种现象呢？原因有如下四点：

1. 兴趣的因素

比如，女人更关注于家庭，而男人对于工作则考虑得更多。另外，很多人只对自己擅长的领域感兴趣，而对其他领域则兴致不高。而想象力必须要有较强的热情才能得到良好的发展，如果对某事没什么兴趣，则很显然想象力不会得到什么良好的发展。

2. 逻辑思维的欠缺

前面已说过了逻辑思维会对一个人的想象力进行规范，这会使得他构想的方案更加合理。而反之，如果构想出的方案不合情理，在执行中得到失败的结果，这会压抑一个人的创造热情。

3. 学习能力的欠缺

生活中有很多心灵手巧的人，但他们的想象力却不能在更高的层次以及更广阔的范围内进行，这是由于学习能力不强所致。学习能力不强使得他们不能获得精深的专业知识，从而他们的想象力所表现出来的也仅是小发明小创造。

4. 没有意识到在各个领域内想象力其实是相通的

也就是说，不同领域虽然需要不同类型的专业知识，但是对于"在头脑中反复作实验"这样一种思维能力的需要却是共同的。如果没有意识到这一点，这会使得人们不大可能将在自身擅长的领域内所具有的想象力有效地迁移到另外一个领域内。显然，只在某个领域内具有较强的想象力，而在其他领域内想象力贫乏，这会极大地束缚一个人的发展。

从前三点，我们可以意识到想象力是与兴趣热情、逻辑思维及学习能力是密切相关的。如果我们想使自身的想象力得到良好的培养，我们要保持自己的情绪处于积极的状态，并且非常重视逻辑思维及学习能力的培养。

对于第四点，我们则会意识到，我们应尽量拓宽我们的知识面，这里说的知识面不仅是指专业知识的知识面，同时还包括生活经验方面的知识、人际交往方面的知识等等。知识面开阔些则会使人们的想象力形式更为丰富，也会使自身在某个领域内的发达想象力会很方便地应用到另外一个领域内。这无疑会成为对一个人的发展极为有利的因素。

想象力发达就意味着头脑的运行空间被大大地拓展，这样我们的头脑就可以完成复杂艰巨的任务；想象力的发达同时也意味着头脑的反应速度明显加快，这样我们会在较为紧急的时刻作出决断。

每个人的头脑的发展空间都是无限的，如果我们努力培养我们的头脑，使其所具有的想象力不断得到发展，我们就可以变得更为智慧，从而在面对复杂艰巨的任务时更加胸有成竹，在面临紧迫的情况时更加从容镇定。能力的提高当然会使我们合理的愿望变得更为易于实现，从而使我们的生活变得更为美好。

六 表达力

什么叫表达力

用外部的行为把思想表达出来能力就是表达力。表达力是表达一个思想的过程，在这个过程中，首先要计划好通过表达达到什么目的；其次要围绕目的在头脑中构思表达的内容；最后再把构思的内容变成对方能理解的外部的行为。

在人生的各个阶段，不论是一般的生活琐事，还是在工作职场上，都必须借助语言来完成沟通，通过语言沟通来建立各种不同的人际关系。

语言是人与人之间传递消息或表达思想的媒介，是具有意义的声音和符号，是人们用以表达思想和传递感情的最重要的消息工具，正是因为拥有语言，才使得人类能够保留经验传承文化。

语言表达能力是一个人综合能力的反映，从中可以看出他的知识、才能、阅历和修养，不管他严谨还是马虎，不管他思维敏捷、条理清楚，还是思想懒散不求上进，都可以从他的语言中看出来。可以说，语言表达囊括了一个人的一切。

不管你过着什么样的生活，掌握了多少知识，取得了多少业绩，都可以从语言表达中得到反映，所以在现实社会中，语言表达能力较强的人社会地位较高，也会受到较高的推崇。很多人士的成功，在相当大的程度上应该归功于善于表达。大家都知道，在人际交往中第一印象是非常重要的，而拥有良好的语言表达能力，则能给别人留下深刻的第一印象，优雅的谈吐不仅可以使自己广受欢迎，而且有助于事业的成功。想要获得成功，首先要掌握驾驭语言的能力，不论今后从事于哪种职业，每天都要进行沟通和交谈。渴望建功立业的人更应该掌握谈话的技巧，提高驾驭语言的能力，在各种场合，都能够做到从容不迫，如果想让别人对自己感兴趣，那么首先需要通过语言把自己的想法表达出来。提高自我表达能力会使你受益无穷。

表达力的重要性

表达能力是现代人才必备的基本素质之一。在现代社会，由于经济的迅猛发展，人们之间的交往日益频繁，表达能力的重要性也日益增强，好口才越来越被认为是现代人所应具有的必备能力。

作为现代人，我们不仅要有新的思想和见解，还要在别人面前很好地表达出来；不仅要用自己的行为对社会作贡献，还要用自己的语言去感染、说服别人。

就职业而言，从事各行各业的人都需要口才。对政治家和外交家来说，口齿伶俐、能言善辩是基本的素质。在人们的日常交往中，具有口才天赋的人能把平淡的话题讲得非常吸引人，而口笨嘴拙的人就算他讲的话题内容很好，人们听起来也是索然无味。有些建议，口才好的人一说就通过了，而口才不好的人即使说很多次还是无法获得通过。

美国医药学会的前会长大卫·奥门博士曾经说过，我们应该尽力培养一种能力，让别人能够进入我们的脑海和心灵，能够在别人面前清晰地把自己的思想和意念传递给别人。

总之，语言能力是我们提高素质、开发潜力的主要途径，是我们驾驭人生、改造生活、追求事业成功的无价之宝，是通往成功之路的必要途径。

表达应具备的能力

要想提高自己的表达力，成为语商很高的语言天才，还应具有以下六大能力。

1. 听的能力

听是说的基础。要想会说就要养成爱听、多听、会听的好习惯，如多听新闻、听演讲、听别人说话等，这样就可以获取大量、丰富的信息。这些信息经过大脑的整合、提炼，就会形成语言智慧的丰富源泉。培养听的能力，为培养说的能力打下坚实的基础。

2. 看的能力

多看可以为多说提供素材和示范。可以看电影、书报、电视中语言交谈多的节目，还可以看现实生活中各种生动而感人的场景。这些方式一方面可以陶冶情操、丰富文化生活；另一方面又可以让你学习其他人的说话方式、技巧和内容。特别是那些影视、戏剧、书报中人物的对话，它们源于生活、高于生活，可以为学习说话提供范例。

3. 背的能力

背诵不但可以强化记忆，还能训练你形成良好的语感。大家不妨尝试着多背诗词、格言、谚语等，它们的内涵丰富、文字优美。背的多了，不仅会在情感上受到滋润、熏陶，还可以慢慢形成自己正确而生动的语言。

4. 想的能力

想是让思维条理化的必由之路。在现实生活中，很多时候我们不是不会说，而是不会想，想不明白也就说不清楚。在说一件事、介绍一个人之前，认真想想事情发生的时间、地点和经过，想一想人物的外貌、特征等。有了比较条理化的思维才会让自己的语言更加流利。

5. 编的能力

会编是想象力丰富、创造力强的标志。养成善于编写的好习惯对提高语言思考和说话能力有着积极的作用。

6. 说的能力

说是语言表达能力的最高体现。只有多说，语商能力才会迅速提高。在说话时，要尽量简洁、明白，通俗易懂。

几百年前，一位聪明的老国王召集一群聪明的臣子，交待了一个任务："我要你们编一本《智慧录》，好流传给子孙。"

这群聪明人离开老国王以后，便开始了艰苦的工作。他们用了很长一段时间，最终完成了一部十二卷的巨著。他们将《智慧录》交给老国王看，他看了后说："各位大臣，我深信这是各时代的智慧结晶。但是，它太厚了，我担心没有人会去读完它，再把它浓缩一下吧！"这群聪明人又经过长期的努力工作，删减了很多内容，最后完成了一卷书。可老国王依然认为太长了，命令他们继续浓缩。

这群聪明人把一本书浓缩为一章、一页、一段，最后浓缩成一句话。当老国王看到这句话时很高兴，说："各位大臣，这才是各时代的智慧结晶。各地的人只要知道这个真理，我们一直担心的大部分问题就可以顺利解决了。"这句经典的话就是：天下没有免费的午餐。这句话告诫人们：即使是满足自身生存的最基本需要，也必须自己去做；即使你的祖辈、父辈能为你提供丰厚的物质基础，也需要自己去做。否则，你就只能坐吃山空。

表达需要注意的策略

为了提高自己的表达能力，在语言的运用上需要注意以下几项重要策略：

1. 要诚实热情

时刻提醒，自己在表达时让对方感受热心和诚意，诚意是指说话内容，热心即是语言上的表达，还需要注意对他人的尊重和说话的礼貌，以及言行一致，同时需要真诚地为对方着想。

2. 注意环境语言

也就是要求语言运用与所处的环境相吻合，只有语言与环境吻合了，所说的话才能获得良好的效果，并达到预期的目的。这里所说的语言环境，是指说话时所处的现实环境或具体情况。

3. 要小心使用语言的附加意义

在语言的运用上必须注意各种不同文化背景的语言差异，否则容易造成误解，使沟通中断，形成不良的沟通。

4. 尽量使用平实的中性的语言

在进行表达时要实事求是、简洁明了的叙述事实，应该避免华而不实和过度的夸饰，尽量使用中性词语，避免使用情绪化的词语。

简单来说，在提高语言表达能力的具体操作上有两个基本技巧，一个是怎样把话说清楚，另一个是怎样把话说恰当。在沟通时，必须注意让对方感受到你的热心和诚意，在说话时必须注意所处的现实环境和具体情况，注意各种不同文化背景的语言差异，以免造成误解。

在培养怎样把话说清楚这一能力时，首先要注意储备有效词汇，词汇的运用是我们表达自我意愿的关键，词汇认识得越少，沟通的困难越大；词汇认识的越多，沟通的正确性就越高。你需要花费一些时间和精力，研究修辞，尤其相同意思的不同表达，使自己的用词更丰富，谈吐更优雅，还要尽力增加自己的词汇量，随时翻阅工具书，注重平时的积累，这本身也是一个自我教育的过程，对自己的成长是很有帮助的。

把话说得恰当也是提高表达能力的重要因素，想要把话说恰当，首先要注意正式语言与非正式语言的区别，在我们日常使用的语言当中，需要根据情景与对象的不同区别使用正式语言与非正式语言，如果不正确使用，就会在沟通上造成极大的障碍。就一般情景而言，除了特定的人和团体之外，其他的语言应该介于正式与非正式之间；其次，应该避免使用术语和不必要的专用名词，进行沟通的对象经常是具有不同背景或不同兴趣的人，针对他们应该运用对方能理解的语言，避免使用太多专业术语或专用名词。即使在需要使用的情况下，也应该加以详细说明。还应该保持敏锐的察觉力，语言沟通上常有许多失误，是因为使用了冒犯他人的不当语言。因此，必须要根据不同的对象，敏锐察觉这些不当用语并避免使用。最后，还应该注意多使用接纳性的语言，也就是鼓励和启示性的语言，尽可能避免使用批评和责备的语气，这样才能达到有效的沟通，也会得到周围人的认可。

语言表达除了传达思想外，也可以将个人对事情的看法和经验表达出来，在语言表达中，可以加强对自我思想的表述力度，同时，也要特别注意接纳性别及文化上所可能产生的沟通差异，以增进语言表达的亲切程度，人与人之间的沟通最终目的是完成对信息的共同了解。所以，沟通必须是双方面的，真正擅长沟通的人应该是语言表达能力及社会沟通能力上都可以充分发挥的人，如果能对人际互动时的社会心理意义有所了解，那么对于提高语言表达能力、改善沟通必将有所帮助。

所谓了解人际互动时的社会心理意义，是指在沟通时首先需要具有同理心，也就是说心中有他人，能够从对方的角度及心情来看待或体会某个事件；其次，要掌握行为的适应性，能够根据沟通对象、沟通内容以及地点等环境的变化，结合自己的沟通目的调整自己沟通行为；第三，要能够控制人际互动的过程，控制沟通的主题，以及适当的时机，防止和消除沟通的干扰，另外，沟通本身也是一种深刻的自我教育，除了明确具体地把自己意愿表达清楚之外，还需要注意适当说话技巧，利用符合听者的需要、兴趣、知识和态度的语言，才能完成人际互动的沟通。一个善于表达的人，会在沟通过程中表现出悠扬的个人素质，比如机制灵活、思维敏捷、判断准确、精力集中等等；相反，如果心胸狭窄、心存偏见，这些也会在谈话中暴露无遗。在与对方沟通时应该充满爱心，不触及对方的难言之隐，不随意公开别人的缺点与不足，应该给听者表现出强烈的兴趣，而不是用语言伤害对方。

表达力的训练方法

表达力分为语言表达能力和文字表达能力。

1. 语言表达力的训练

一要努力学习和掌握相关的知识，尽管那些伶牙俐齿的"巧舌媳妇"能说会道，但却登不了大雅之堂。出色的口头表达能力，其实是由多种内在素质综合决定的，它需要冷静的头脑、敏捷的思维、超人的智慧、渊博的知识及一定的文化修养。

二要努力学习和掌握相应的技能、技巧。如在讲课、讲演时要准备充分，写出讲稿，但又不照本宣科；以情感人，充满信心和激情；以理服人，条理清楚，观点鲜明，内容充实，论据充分；注意概括，力求用言简意赅的语言传达最大的信息量；协调自然，恰到好处地以手势、动作，目光、表情帮助说话；表达准确，吐字清楚，音量适中，声调有高有低，节奏分明，有轻重缓急，抑扬顿挫；幽默生动。恰当地运用设问、比喻、排比等修辞方法，使语言幽默、生动、有趣；尊重他人，了解听者的需要，尊重听者的人格，设身处地为听者着想，以礼待人，不带教训人的口吻，注意听众反应，及时调整讲话。

三要积极参加各种能增强口头表达能力的活动。如演讲会、辩论会、班会、讨论会、文艺晚会、街头宣传、信息咨询等活动，要多讲多练。尽管用自己的话将课堂上老师讲的或自己在书本中学到的知识说出来，这有助于提高自己的口头表达能力。锻炼口头表达能力要有刻苦精神，要持之以恒。只要我们勤于学习，大胆实践，善于总结及时改进，我们的口头表达能力一定能不断提高。

2. 文字表达力的训练

文字表达能力与口头表达能力一样，是人们交流思想、表达思想的工具，是学好专业、成就事业的利器。

"工欲善其事，必先利其器"。这里的器就语言，作文其实就是利用语言来表达自己的思想。能否利用经典的语言准确地表达自己的思想是作文成败的一个关键。而要做到这一点，就必须学会积累语言。我们应从杂志和各类书籍中收集一些精美的语言摘抄下来，然后每天背诵一遍，以培养自己的语言感觉能力。只有每天坚持，才能逐步提高语言表达能力。

积累精美语言这一项工作虽然苦，但苦得值得，一方面，它为我们语言表达能力的提高打下坚实的基础；另一个方面，它也可以增广我们的见闻。因为我们要收集精美的语言，就必须阅读大量的书籍，这就间接扩大了我们的阅读量。"读书破万卷，下笔如有神"。我们的阅读量上去了，还愁作文能力不能提高吗？

积累精美的语言可以培养我们的语言感觉能力，但是只有积累，没有仿写，也不能将这些积累的语言灵巧地运用到平日的作文中去。所谓仿写就是在原文的语言结构和字数保持基本不变的情况下，改动或增添一些词语和句子，使之表达不同的意思。例如沙宝亮的《暗香》：

当花瓣离开花朵，暗香残留。香消在风起雨后，无人来嗅。如果爱告诉我走下去，我会拼到爱尽头。心若在灿烂中死去，爱会在灰烬里重生，难忘缠绵细语时，用你笑容为我祭奠。让心在灿烂中死去，让爱在灰烬里重生。烈火烧过青草痕，看看又是一年春风。当花瓣离开花朵，暗香残留。

稍作改动就可以变为：

当灯光照亮书本，思绪翻动。笔就在风起雨后，书写人生。如果爱告诉我走下去，我会拼到爱尽头。心若在灿烂中死去，爱让它在灰烬里重生。难忘父母眼神里，用你笑容为我壮行。让心在灿烂中前行，让爱在灰烬里重生。烈火烧过青草痕，看看又是一年春风。当灯光照亮书本，思绪翻动。

仿写应与积累保持同步，每天坚持一次积累、一次仿写，时间长了自然就知道运用语言的技巧了。仿写还仅仅停留于模仿的基础之上，如果要真正形成有自己语言风格的文章，就必须学会创造。

在语言积累和仿写达到一个月之后，我们就应开始着手于自己的创造了。所谓创造，就是用自己的精典的语言来进行表述。要学会创造，除了要具备一定的语感外，还必须掌握一定语言表达技巧，一般来讲经典的语言应具备三个要素：一是语言的节奏，二是修辞手法的运用，三是典雅词语的运用。

　　语言是有节奏的，所谓节奏，就是由一对相反的因素按照一定的顺序排列形成的。如音乐的节奏是由声音的高低、续停等形成的；舞蹈的节奏是由动作的刚柔、快慢等形成的；而语言的节奏则是由语言的舒缓与激越形成的。整齐的句子激越、散句子舒缓；短句子激越、长句子舒缓。因而要形成语言的节奏，就是必须长短结合，整散结合。

　　其次，作文的表达追求形象生动，作文的语言力求典雅。因此，在写作文时还应恰当地用一些典雅的词语和运用比喻、拟人等修饰手法。

　　有创意地进行语言表达是语言表达的最高境界，但也是最难达到的一个境界。原因有二：一是懒。许多学生认为，我已经背了很多精美的语言了，为什么不拿过来使用，既方便又省事；二是刚开始写的时候，总觉得很多地方写不好，于是就放弃创造，选择仿写。其实，阳光总在风雨后，这时候坚持下来了，成功就在眼前向你微笑；放弃了，成功就会绝尘而去。黎明前的黑暗是最黑暗的时候，但也是离阳光最近的时候。在这个时期，最好是一周写一篇作文，在作文中尽量使用自己的语言来表达，当然是有文采的语言了。同时不能放弃积累和仿写，因为只有"厚积才能薄发"，积累得越多，对自己的语言表达以至于思想积淀就越有益处。

　　"千里之行，始于足下"，但愿大家都能行动起来，让自己的语言生花，令自己的语言添彩，在文学的天空下插上绚丽的语言翅膀自由地翱翔。

表达力的训练技巧

提高表达能力就必须保持心境乐观开朗，懂得与人沟通的技巧，而且要有一定的讲话水平，具体在训练中应该注意以下几点：

1．积极与别人说话

第一，说话紧张的时候，努力使自己放松。静静地进行深呼吸，使气息安静下来，在吐气时稍微加进一点力气，这样心就踏实了。微笑能调整呼吸，还能使头脑的反应灵活，说话集中。

第二，平时练习一些好的话题。平时要注意观察别人的话题，了解吸引人的和不吸引人的话题，在自己开口时，便自觉地练习讲一些能引起别人兴趣的事情，同时避免引起不良效果的话题。

第三，训练回避不好的话题。应该避免自己不完全了解的事情，一知半解不仅不会给别人带来什么益处，反而给人留下虚浮的坏印象。若有人就这些对你发出提问而你又回答不出，则更为难堪。要避免你不感兴趣的话题，自己不感兴趣又怎能期望对方随你的话题而兴奋起来。

第四，训练丰富话题内容。有了话题，还得有言谈下去的内容。内容来自于生活，来自于你生活观察和感受。

2．丰富自己的阅历

第一，和不熟的人讲话先礼貌客气点，先了解对方的性格，了解了对方才知道如何和对方沟通交流，这个人若和你观念差不多就很容易相处，因为大家观念同想法同。

第二，找话题跟人家聊。首先学会做个聆听者，在和朋友长辈沟通过程中多听听别人的意见和想法。每一天收集可以表达的素材，也能学习别人的语言表达技巧。当一个人听的事情多了，脑袋里面的东西也会丰富了，和别人沟通的时候，在修辞、前后逻辑、表达的语气等方面都能有所提高。

3. 让自己变得很幽默

第一，当你叙述某件趣事的时候，不要急于显示结果，应当沉住气，要以独具特色的语气和带有戏剧性的情节显示幽默的力量，在最关键的一句话说出之前，应当给听众造成一种悬念。

第二，当你说笑话时，每一次停顿、每一个相应的表情、手势和身体姿势，都应当有助于幽默力量的发挥。重要的词语加以强调，利用重音和停顿等以声传意的技巧来促进听众的思考，加深听众的印象。

第三，语言的滑稽风趣，一定要根据具体对象、具体情况、具体语境来加以运用，而不能使说出的话不合时宜。

第四，不要在自己说笑话的时候，自己先大笑起来，这样是最不受欢迎的。在每一次讲话结束后，最好能激发全体听众发自内心的笑容。

七 学习力

什么叫学习力

学习力就是学习动力、学习毅力和学习能力三要素。学习力是指一个人或一个企业、一个组织学习的动力、毅力和能力的综合体现。学习力是把知识资源转化为知识资本的能力。

个人的学习力，不仅包含它的知识总量，即个人学习内容的宽广程度和组织与个人的开放程度；也包含它的知识质量，即学习者的综合素质、学习效率和学习品质；还包含它的学习流量，即学习的速度及吸纳和扩充知识的能力；更重要的是看它的知识增量，即学习成果的创新程度以及学习者把知识转化为价值的程度。

组织学习力是人们创新能力的集中体现，能直接转化为创新成果。它倡导团队学习比个人学习更重要，团队具有整体搭配的学习能力，团体内信息和知识自由流动，高度共享，团队学习既是团队成员相互沟通和交流思想的过程，也是团队成员寻求共识和统一行动的过程，从而也是产生团队的"创造性张力"的过程。

学习力三要素

学习力是由三个要素组成的。这三个要素分别是学习的动力、学习的毅力和学习的能力。学习的动力体现了学习的目标；学习的毅力反映了学习者的意志；学习的能力则来源于学习者掌握的知识及其在实践中的应用。

一个人是否有很强的学习力，完全取决于他是否有明确的奋斗目标、坚强的意志和丰富的理论知识以及大量的实践经验。

学习力是三个要素的交集，只有同时具备了三要素，才能成为真正的学习力。

提高学习力的意义

学习力是什么？国外有学者释义为"一个人学习动力、学习毅力、学习能力的总和。"其实还应该增加"学习创新力"。即表述为学习力是学习动力、学习毅力、学习能力和学习创新力的总和；是人们获取知识、分享知识、使用知识和创造知识的能力；是动态衡量一个组织和个人综合素质和竞争力强弱的真正尺度。学习动力来源于学习目标、兴趣、动机，目标越大、兴趣越浓、动机越强，动力就越大，这是学习的动力源；学习毅力来源于学习精神、心理素质、智力、意志和价值观等，认识有多深，毅力有多强，学习就会有多持久，这是学习力的核心；学习能力来源于学习方法，主要包括阅读力、记忆力、理解力、判断力、学习效率等，是学习是否具有成效的关键；学习创新力来源于系统思考，包括观察力、分析力、评价力、应用力，是学习的最高境界。学习力的几大构成要素不是孤立存在的，是相互叠加，有机联系的整体，是人们自我学习、自我变革、自我超越、自我发展的螺旋式上升的过程。

　　那么，如何增强学习力呢？清末民初国学大师王国维先生在《人间词话》中讲到："古今之成大事业、大学问者，必经过三种之境界。"他集合了宋代三位名家的词句，描述了学习的三种境界。第一种境界是"昨夜西风凋碧树，独上高楼，望尽天涯路"（晏殊）；第二种境界是"衣带渐宽终不悔，为伊消得人憔悴"（柳永）；第三种境界是"众里寻它千百度，蓦然回首，那人却在灯火阑珊处"（辛弃疾）。若想增强学习力，就应当循着这三种境界，做到真学、真信、真用，这样才能真正提高自己。要学习反映时代进步的现代经济、科技、法律、金融、历史、文学等方面的知识。这不是为了装点门面、附庸风雅，而是改善知识结构、扩大知识面的需要，是加强自身修养、充分履行岗位职责的需要。要学习的东西这么多，如何才能保证学有时间、学有所获呢？关键是要利用业余时间。有人说，人的差异往往在于对业余时间的利用上。一个人如果每天挤出 1 个小时的学习时间，一年就是 365 个小时，必然能学到很多东西。提高学习力就是要发掘这种学习潜能，把这种潜能当作一种稀缺资源进行整合，从而提升一个人、一个组织乃至一个民族的学习力。

　　纵观历史，一个崇尚学习的民族才能在历史的天空发出夺目的光彩。中国几千年的文明史，流传着一个个刻苦学习的动人传说和生动事例，如孟母三迁、凿壁偷光、铁杵磨针、头悬梁锥刺股等等；留下了一批宝贵的文化遗产，如《四书》《五经》《史记》《资治通鉴》《永乐大典》等经典著作，造纸、印刷、火药、指南针等四大发明，《天工开物》《本草纲目》《齐民要术》等科学巨著，《红楼梦》《三国演义》《西游记》《水浒传》等文学名著；涌现了屈原、李白、杜甫、自居易、苏东坡、陆游、陶渊明等一批文化名人，还有革故鼎新的王安石、先忧后乐的范仲淹、刚正不阿的包拯、不畏权势的海瑞、舍生取义的史可法、虎门销烟的林则徐，兴办洋务运动的曾国藩、张之洞……如果没有重文尚学的传统，中华民族五千年的文明史就不会如此绚丽多姿、辉煌厚重，在历史的天空发出璀璨夺目的光彩！

　　一个崇尚学习的人才会有所作为，在人生的舞台上占得自己的位置。凡是有所作为的先哲伟人、巨匠大家，几乎无一不是博览群书、学富五车、通晓古今、才识渊博的。马克思为了写作《资本论》，曾钻研了1500多种书，引用了296个署名作者的376本著作中的材料和观点，还引用了45种报刊和56种会议报告及政府、团体刊物的资料。美国前总统尼克松在《领导者》一书中，分析了包括毛泽东、周恩来在内的许多杰出政治家之所以成功的原因，认为其中最重要的一条，就是他们都酷爱学习、善于观察、勤于思考。更为有趣的是：历史上的一些名人，人们几乎忘记了他们的业绩，却记住了他们博大精深的学问和脍炙人口的名篇、名言。楚国三闾大夫屈原因为坚持改革遭到排挤，被流放汨罗江，这一遭遇不是所有的人都知道，但有谁不知道"路漫漫其修远兮，吾将上下而求索"；我们提到岳飞，就会想到《满江红》，但不一定能想起他精忠报国、抗金杀敌的壮举；我们提到范仲淹，作为北宋著名的政治家、改革家，他为百姓建功立业可能被我们忽略了，但却记住了他的《岳阳楼记》和"先忧后乐"名句；我们提到苏轼，他在朝廷先后受到改革派和守旧派的排挤、几度流放、客死他乡的事可能不被人知，但我们都能记住他在黄州赤壁的千古绝唱"大江东去，浪淘尽，千古风流人物……"。现实生活中大凡政绩突出的人都是酷爱学习、勤于思考的人！

有人算过一笔账：每周 7 天，168 个小时，工作 40 个小时，休息 56 个小时，吃饭、交际、娱乐、家务劳动、锻炼身体 35 个小时，这样每周净剩 37 个小时，全年剩余时间为 1924 个小时，这些时间如果能有效利用 50%，全年就有 962 个小时，如果这 962 个小时能用来读书，按每小时 20 页的平均阅读速度计可读书 19240 页，即全年可阅读 96 本平均 200 页的书籍，那么人的一生利用这一时间阅读的书籍摞起来可达十几层楼高。

所以，对于我们每一个人来说，学习不是有没有时间的问题，而是重视不重视、利用不利用的问题。时间最无情，它一去就不复返；时间最公平，时间面前人人平等，它既不会因为你是领导干部就多停留一分，也不会因为你是平民百姓就少赐予一秒。要力戒浮躁之气，少一些应酬，合理规划时间，善于节约时间，有效利用时间，把有限的时间用在读书学习上。有的人觉得不需要学习，认为现在不学习也还过得去，凭经验办事工作还应付得了。其实成功的经验也需要不断地创新，否则会成为今天失败的理由。学习的甜头现在也许还感觉不到，但职位超高，就会越感到学习的重要；人生阅历越丰富，就会越感到学习的重要。

在知识经济时代，知识呈爆炸性增长。仅 20 世纪 60～70 年代，人类的发明创造就超过了过去 2000 年的总和。以生物学为例，20 世纪来，生物学的知识量，超过了 20 世纪初生物学知识量的 100 倍，据专家预测，人类 2020 年拥有的知识 90% 以上还没有创造出来。知识转化为现实生产力的过程大大缩短。从电能的发现到第一座电站的建立时间间隔为 282 年。在美国，电话普及用了 75 年，电视机普及用了 30 年，而计算机的普及只用了 10 年，特别是激光技术，从发现到利用只有一年时间，知识更新的速度大大加快。据专家预测，18 世纪知识更新周期为 85～90 年，19 世纪到 20 世纪初缩短为 30 年，近 50 年又缩短为 10 年，进入 20 世纪 90 年代，知识更新的周期只有几年了。

在知识经济时代，最能证明个人价值的就是人的学习能力。即使是一个知识渊博的人停止学习，也会变成了一个孤陋寡闻的人。现代社会的文盲不是不识字的人，而是不会学习的人。如果不注意学习，就会有越来越多的人被推到无知的边缘。有的人意识到了学习的重要性，也不是挤不出时间，但就是不愿学习，认为学与不学一个样，甚至学的不如不学的，热爱学习被认为迂腐，跟不上时代。有的人不学无术却照样赚钱，确实，学习不一定能赚到钱，但它可以使你正确看待钱；学习不一定能使你升官，但它可以使你以平和的心态对待做官；学习不一定能使你人生成功，但可以让你正确看待成功。

据专家分析，农业经济时代只需 7～14 岁接受教育，就足以应付往后 40 年工作生活之所需；工业经济时代，求学时间延长到 5～22 岁；在信息技术高度发展的知识经济时代，人类必须把 12 年制的学校义务教育延长到 80 年制的终身学习。

知识无止境，学习也就无止境。一个人不可能掌握所有的知识，一张文凭不能管用一辈子，一项技能不可能终身受用。不学习会被淘汰，少学习就会落后；只有好好学习，才能天天向上，要视学习为能力。一个勤于学习的人的记忆能力、判断能力和决策能力明显要比他人强，工作也会更得心应手。

有些人只看到其他人处理问题时的游刃有余和驾轻就熟，却看不到他们对问题的悉心思索和对实际情况的深刻把握；只看到有的人讲话时信手拈来、口若悬河，却看不到他们在背后的刻苦学习和长期积累。要视学习为乐趣，多读说理透彻的哲理书会使人豁达明智；多学科学实用知识会使人充实多能；多看些色彩斑斓的文艺书是在享受生活、品味人生。

古人云：三餐可以无肉，一日不可缺书；一日不读书，心臆无佳念；一日不读书，耳目失清爽。一个人要把"需要学习"看得跟"需要吃饭、睡觉"一样重要，把学习当成工作、生活的一部分，当成生命的组成元素。要拓展学习的内容，掌握科学的世界观和方法论，学会全面地、发展地思考问题、分析问题，提高解决实际问题的能力。学习做好本职工作所需要的专业知识，学习市场经济知识、金融知识、计算机知识和领导科学知识、管理科学知识，提高依法行政和科学管理水平，不断拓展意识的深度和广度。

同时，还要学其他文化知识，如历史、文化、地理等，提高自己的文化品位。再次要讲求学习的方法，要与实践相结合，既苦读有字之书，又学习无字之书，虚心向实践学习、向他人学习，提高辩证思维能力和驾驭全局的能力；要勤于思考，谋在心悟，做到每次学习都有所得；要学以致用，用所学的知识来指导自己如何做人、办事，让学到的东西进入自己的骨髓，融入自己的血液。学以致用，言行一致，才叫读好了书。学的说的是一套，做的又是另一套，那绝对不能算读好了书，这样子读书就怀有功利思想，只能叫作秀。

提高学习力的六大要素

要想提高学习力，需要掌握以下六大要素：

1. 树立正确的目标

目标是很重要的，一个人的学习活动没有目标，行动就是盲目的，是没有结果的。有了明确的目标，人的潜力才能得到最大限度的激发。学习目标是重要的，但是很多人也确定自己的目标，为什么执行不下去呢，实际上学习目标从科学的概念来说有很多具体的要求，这些具体的要求做得不够的话，有了目标也是没用的。

2. 让学习变得快乐

我们推崇适合个人需要和能力的学习方法，坚信每一个人都应该学习。只要加以正确的引导，就不会感到游戏和学习之间的区别。能够在愉快的情绪下获取知识对我们而言，是一种宝贵的学习体验。

3. 激发人的内在潜能

人类的大脑潜能更是巨大的，人类大脑90%以上都是处于休眠状态。到目前为止，爱因斯坦被认为是世界上聪明绝顶的人，爱因斯坦死了以后，科学家对他的大脑进行了解剖，发现他的大脑是目前使用最多的人。但也只使用了1/3，2/3仍处于休眠状态。只要我们能够调动起自身的潜能，学习目标一定能够大幅度提高。

4. 掌握知识的认知结构

认知结构就是所学过的知识在头脑中的储存方式。知识在头脑中是相互关联的还是各自独立的？是条理清晰的还是混乱不清的？是灵活贯通的还是刻板僵化的？认知结构不同，也就决定了利用知识解决问题的能力不同。有一个人，使用了结构树的知识梳理方法，取得了很好的效果。就是掌握的认知结构的效果。

5. 设法进入宁静专注的状态

注意力集中的程度决定着思维的深度和广度。科学史上思想深邃的巨人都特别能集中注意力。奥托弗里希回忆说："爱因斯坦特别能集中注意力，我确信那是他成功的真正秘诀：他可以连续数小时以我们大多数人一次只能坚持几秒钟的程度完全集中注意力。"这句话很精彩，它清楚地揭示了优秀科学家与一般人的不同之处。对于每一个学习者来说，如果能达到这样的程度就不必为学习而发愁。宁静、忘我、轻松又专注，这样的学习状态比较好。

6．学会自我调节

兴趣是个体力求探究、认识某事物或从事某种活动的心理倾向，它是我们学习的强劲动力。学会自我调节是通向愉快学习的有效途径，因为这是一种能够把被动学习转变为积极的、有目标的学习的方法。

在学习过程中，把智力因素和非智力因素都协调发挥好，不断地完善达到最佳学习的效果，获得最好的成绩，不断地反思自己，从一个成功走向另外一个成功，逐步走向自我完善和自我实现，从而获得大成就、成为大人才，为国家作出大贡献。

以上这些因素是影响学习成败和学习成才的关键要素，这些要素如果培养好了，形成了科学的学习观念，就能够健康成长。

学习力的实践方法

学习力是一个人学习态度、学习能力和终身学习的总和，这也是动态衡量人才质量高低的真正尺度。

"未来属于那些热爱生活、乐于创造和通过向他人学习来增强自己聪明才智的人。"以下是6种终生学习力的实践方法：

1．自觉学习

反省检讨自己的心结在哪里，盲点是什么，有哪些瓶颈需要突破是自我精进的关键途径。

2．流通学习

与人分享越多，自己将会拥有越多。

3．快乐学习

终生学习就要快乐学习，开放心胸并建立正确的思维模式，透过学习让自己完成心理准备，应对各种挑战及挫折。

4．改造学习

自我改造，通过学习向创造价值和降低成本努力，这种改造的效果往往是巨大的。

5. 国际学习

面对无国界管理的时代，不论是商品、技术、金钱、资讯、人才等，皆跨越国界流通。因此，身为现代经理人，学习的空间也应向国际化扩展，开创全球化学习生涯。

6. 自主学习

每个人有自己和生活规划时，更要自主地选择学习项目安排自主学习计划，以迎接各种挑战。

八 空间力

什么叫空间力

空间力，就是空间内的力，可以控制空间内一切的力，包括人的行为、思想等等。空间力甚至可以改变物体，凭空出现任何可以想到的物体。

空间和时间一样是物质存在的一种基本属性，我们都生活在一个真实的三维空间之中，我们都有在这个真实的空间中运动、寻找物体和给自身定位的能力，但什么是空间能力，谁能够确切回答出来？

人类的空间能力是心理学家和其他专家们感兴趣的课题。我们可以了解一些有关空间能力研究的历史进程，也可以了解有关空间能力测验的技术和方法。

（1）空间能力与语词能力不同，在智力研究中较晚才被注意到。对空间因素的研究受到因素分析法固有局限的束缚，或许更重要的是受到强烈偏爱语词能力思想的束缚。

（2）刺激维度问题在空间能力的研究中有着持续的兴趣，而随着越来越多的人从事关于在大范围或环境空间中个体差异的研究，刺激维度问题再次成为重要的问题，但尚未解决。

（3）尽管某些类型的表象一直被认为和空间能力具有密切的关系，但确切的关系目前尚未确立。随着对空间能力的心理表象不同种类的研究，将会有趣地发现各自具有怎样的特征及它们之间具有怎样的联系。

（4）尽管我们还很难给出一个为人们所共同接受的关于空间能力的定义，但目前确实存在着大量负载这个或那个空间因素的各种"空间感"的纸笔测验。

（5）在谈论空间因素时，经过整个 50 年代，不同的分析家借用了不同的词却以相似的方式来描述大致相似的因素。

因此，如果把对空间能力的描述综合起来解释为"视觉形式的知觉与保持"及"视觉性状的心理操作和重构"，这一特征和早期发现的大量对空间能力的描述是不一致的。但这一特征不仅包括了关于图像和操作表象的特征，而且还包括了关于因素的描述。总之，尽管确定空间能力的特征可能是过渡性的，但可以为在分类的格局中组织大量的空间测验提供有用的根据。

空间力的发展

空间能力的发展一直是发展心理学的热门话题。

在发展空间概念时，最先发展的是拓扑几何概念，接着是欧几里得几何（即欧氏几何）概念，然后是投影几何（或射影几何）概念，最后到结构度量几何（或解析几何）概念。空间力的发展应该从幼儿教育开始。

当然，年龄很小的婴儿对自己生活的空间或外部世界的印象毫无概念，只能算是一片混沌。等孩子长到三、四岁时，开始发展拓扑几何的概念，也就是说，对于这个时期的儿童来讲，他们只能领会一些拓扑学上关于空间的性质，如邻近和分离、封闭和开放等。正因为他们只能领会这样的空间性质，因此在此年龄段的儿童看来，正方形、三角形和圆形根本没有什么区别。所以，当你要求一个三四岁的孩子临摹一个正方形、三角形或是圆形时，他都会画出一个近似于它们三者却并非完全是它们之一的图形。

儿童空间专家皮亚杰根据自己的研究和推理，给儿童空间发展描绘了这样一幅图景：处于感觉、运动阶段的儿童的空间概念具有拓扑几何的性质，随后，在前运演和具体运演阶段，儿童开始形成欧氏几何概念和射影几何概念，大约在9、10岁以后开始理解水平关系、垂直关系，并逐步向解析几何概念过渡，开始理解二维、三维空间的定位和测量等概念。

皮亚杰等人的研究引起了积极的响应。接着直到80年代后期，人们对皮亚杰等人的实验进行了数以千计的重复测试和验证实验，结果出现了一些明显不同的观点。人们对皮亚杰所谓的儿童先发展拓扑空间概念的论点提出异议。反对者认为，儿童之所以不能很好地临摹要求的图形，并不是因为他们缺乏关于这些图形的概念，而是因为他们的运动机能没有发展到足以使他们很好地临摹的程度。实际上他们完全可以辨别不同欧氏几何图形（如正方形和圆形），只是在绘画过程中不能很好地控制手的运动而总是把圆形画成了类似于方形的图形。

对于空间关系的认知发展，儿童大概要经历这样一些阶段：

（1）通过自身的运动来确定物体的空间位置关系，这在3～4岁的孩子身上表现得最为明显，直到5岁左右开始向下一个阶段过渡；

（2）利用明显的标记或路标对物体进行定位，这在6～7岁的孩子中表现最为明显，直到9岁左右才可以利用比较复杂的标记；

（3）能够利用空间整体结构的信息对空间中物体的位置关系进行定位，这个阶段在年龄上与前一阶段有明显的交叉或重叠；

（4）到10岁左右，儿童开始具有表象旋转能力。在这以前，如果把一张关于某一空间的图转过一定的角度放在孩子面前，当他想把图与真实空间进行匹配时，他可能只有把图转到与真实空间相同的方向时，才能很好地定位，如果不能对图进行旋转，他就可能会把自己转过一定的角度。如果这也不允许的话，他很可能会出错。但在10岁以后，儿童就开始通过旋转头脑中的表象对真实的空间和有关空间的图进行匹配和定位。当儿童在6～12岁时，他们开始表现出对二维空间和三维空间进行匹配的发展特征。

空间感知能力的发展特点

孩子在五六岁时对空间的感知能力会有很大的发展，这时的孩子不仅能够感知辨别远处物体的上下、前后，而且也能够以自身为标准来判断左右。这个阶段的孩子对物体之间的空间关系已有了一定的感知经验，能够比较好地感知物体之间几种相互的空间关系，常见的有邻近关系、分离关系、次序关系与包围关系等。如邻近关系，他们在制作一个小飞机时，能够通过尝试找出飞机翅膀与飞机机身的邻近关系位置，而小一些有孩子则往往把机翅安到一个不恰当的位置上，找不到最恰当的位置；如分离关系，孩子在制作飞机时，知道把两个翅膀分别安在机身两边，这时这两个机翅就是以分离的关系的空间形式存在的。但有的小一些的孩子有时则会把两个翅膀安在一起，说明他们还没有真正感知到事物之间的分离关系；对于次序关系，是指任何物体在空间中存在都以一定的顺序性出现的，如人的五官从下往上是按一定次序排列的，不能颠倒。

孩子对空间感知的一个重要特点，表现在能以自身为中心来感知辨别左右。他们区分前后左右区域的范围有所扩大，可以辨别离自己身体较远的或是偏离一定角度的物体的方向。不仅能够辨别正前方、正后方，还能够辨别感知前方所有范围之内和后方所有范围之内的方位，对以自身为中心的左右也可以从一定的范围上加以辨别。

空间感知力的培养

1. 描述自己的左右方位

孩子对左右方位的感知是从左右开始的，但在引导孩子感知左右时，一定要与具体的感知事物结合起来。

在不断感知左右时，可以引导他们把自己的感受告诉别人，让他有更多的机会去描述和交谈。

对左右方位的辨别是在生活中不断运用和体验中逐渐获得的。如孩子在吃饭时，拿勺、用筷子等都要用左右手，唱歌、跳舞中也会用到左手或右手，左腿或右腿等；在做操时也会用到左手或右手、左腿或右腿，做出与方位有关的活动。另外，在日常生活中经常会体验到物体之间的关系。

此时期孩子的活动能力提高了，家庭在布置环境时，可以让他们参与，这是为孩子提供感知体验空间方位及物体与物体之间空间关系的极好机会。如墙壁上如何分成几块，活动区如何安排，柜子的摆放等，不同房间的空间感觉就不一样。这些活动开始之前和结束之后，家长都应该组织孩子进行讨论和总结，应该与幼儿的空间感受密切联系，如哪些东西摆在左边好些，哪些东西摆在右边活动空间将会大一些等。

2．在日常活动中引导孩子正确运用方位词语

谈话时，凡是可以使用方位词语的就要使用一些方位词，让孩子在无意中获得对方位词汇的感知。如看见孩子在做一个东西，就可以说："你刚才好像把一个小棍插在这个小人的左手上了，是吧?"与孩子谈话，让他意识到他们正在进行与方位有关的活动。

3．描述周围环境中物体的位置

对一个物体位置的观察与描述可以帮助孩子建立空间概念，提高空间感知能力。生活中的各种物体都是以一定的空间位置存在的，如，什么东西是放在桌子上的，什么东西是放在教室的前面的。自己的班级在学校的什么位置，操场在学校的什么位置。这些不仅对孩子的空间感知能力的培养有积极的意义，而且也逐渐培养了他们的良好习惯。当然，还可以对他所去的地方，如公园、商店、大街等地方的各种物体的位置，进行有意的感知和描述。

4．体验物体的运动方向和位置变化

孩子经常会接触到一些运动的物体，如汽车朝哪个方向走了，一个人从哪里过来了，燕子冬天到南方去，南方在哪个方向。再如，同学们玩"猫抓老鼠"的游戏，哪个同学朝哪个方向跑，都可以与谈论，说说当时的方位感受。

看电视时，如足球运动员的踢球，让孩子注意球的运动方向。也可以引导他们感知一些物体位置的变化，如冰箱不在原来的位置了，现在换了一个新的地方等。

在实际生活中，应注意引导孩子感知各种所见到的物体的运动或物体位置的变化。

空间想象力的认识

所谓空间想象力，就是人们对客观事物的空间形式进行观察、

分析和抽象思维的能力。这种数学能力的特点在于善于在头脑中构成研究对象的空阔形状和简明的结构，并能将对实物所进行的一些操作，在头脑中进行相应的思考。

我们知道，学生空间想象力较差，往往是他们学习有关空间图形知识的绊脚石。由于不可能一下子就能具备这种能力，所以要想顺利地发展学生这种能力，要求提前对学生进行长期而耐心细致的培养和训练。在中学数学教学中，空间想象力主要包括下面四个方面的要求：

（1）对基本的几何图形必须非常熟悉，能正确画图，能在头脑中分析基本图形的基本元素之间的度量关系及位置关系；

（2）能借助图形来反映并思考客观事物的空间形状及位置关系。

（3）能借助图形来反映并思考用语言或式子所表达的空间形状及位置关系。

（4）熟练的识图能力。即从复杂的图形中能区分出基本图形，能分析其中的基本图形和基本元素之间的基本关系。

在立体几何教学中广泛采用直观教具（尤其是立体图）并进行大量的空间想象力的训练，这固然可以发展学生的空间想象的数学能力。但是，培养学生的空间想象力不只是立体几何的任务，也不只是几何的任务。而是在数学的其他各科都有，如见到函数 $y = x^2 - 8x + 15 = (x - 3)(x - 5)$ 就要立即想到开口向上，且与 x 轴交 $(3, 0)$，$(5, 0)$ 两点的抛物线（对称轴为 $x = 4$）。

对解二次不等式 $x^2 - 8x + 15 > 0$ 时，若思维中有图像的表象，则很快就能确定其解集：$x < 3$，或 $x > 5$。

著名的数学家、苏联 A．H．柯尔莫戈罗夫院士曾说过："在只要有可能的地方，数学家总是力求把他们研究的问题尽量地变成可借用的几何直观问题。几何想象，或人们所说几何直觉对于几乎所有数学分科的研究工作，甚至对于最抽象的工作，有着重大的意义。

在中学，空间形状的直观想象是特别困难的一件事。例如，如果能闭上眼睛，不用图形就能清楚地想象一个正方体被一个穿过正方体中心又垂直于它的一条对角线的平面所截得的图形是什么样子，这该算是个很好的数学家了。"

学好几何，很重要的一点就是要有强的空间想象力。我们都知道任何科学都要它的背景和应用场合，几何更是如此，它实际上就是空间各种物体间的位置关系（距离、方向）和自身几何特性的抽象。我们所学的大部分几何公理、定理，都可以从空间中找到实例（比如房屋的墙壁间平行或垂直）或者能够想象得到（比如空间两根无线长的、彼此平行的线）。既然几何是关于这样一些关系的科学，那么学好它、理解它包含的知识，就必须要在学习中运用想象力去理解这些知识，这样才能有好的学习效果。

那么怎么锻炼强的想象力呢？不断练习，不断实践，注意观察食物。只有多想，多去联系实际，久而久之，才能具备强的空间想象能力。

空间想象力的作用

所谓空间想象力是人们对客观事物的空间形式进行观察、分析、认知的抽象思维能力，它主要包括下面三个方面的内容：

一是能根据空间几何形体或几何形体的语言、符号，在大脑中展现出相应的空间几何图形，并能正确想象其直观图。

二是能根据直观图，在大脑中展现出直观图表现的几何形体及其组成部分的形状、位置关系和数量关系。

三是能对头脑中已有的空间几何形体进行分解、组合，产生新的空间几何形体，并正确分析其位置关系和数量关系。

培养学生的空间想象力是中学数学教学的主要任务之一，同时也是难点之一。在教学中如果对空间想象力这一名词只是提的多，理性分析不够，不能把握其培养规律，就可能造成这样的结果：少部分有悟性的学生的空间想象力得到了提高，而大部分学生则收益甚少，乃至于视《立体几何》的学习为畏途。

辩证唯物主义认为，任何事物的变化发展都有其内在规律。空间想象力的提高也是如此，它是逐级向上的，即有明显的层次性。教师唯有把握好这一规律，将之有机地渗透到教学实践中去，有意识、有针对性地采取得当的教学方法和措施，才能有效地提高学生的空间想象力。

空间力想象力的培养

根据空间想象力的提高有层次性这一特点，空间想象力的培养可以细分为如下几个过程：

1. 强化学生对三维空间的认知

作为高中学生，他们已有了二维空间（平面）的知识，对三维空间的感知也有，但对三维空间的无限性、复杂性认识不够。因此，通过对直线的无限延伸、平面的无限延展性的认识；通过比较平面内与空间中两直线位置关系的不同；通过认识线面关系、面面关系来强化学生对三维空间的认识就显得尤为重要。在教学实践中，可在立体几何教学的第一或第二节课中设置下列问题：

例1：一个平面可以将空间分成几个部分？二个平面呢？三个平面？试摆出模型加以说明。

例2：空间三条直线的位置有多少种可能？

例3：两条直线与一个平面的位置有多少种可能？

例4：两条直线与二个平面的位置有多少种可能？

对这些问题，学生的回答不一定准确，但通过思考和摆置模型，学生对三维空间的认知得到了强化。

2. 培养学生由实物模型出发的空间想象能力

通过展现立体几何教学模型或认识生活中的模型，并让学生想象看不见的部分，想象线面继续延伸、延展之后的情况，有助于培养学生的空间想象力。

3. 作图能力的培养

作空间图形的直观图，实质是空间图形的平面化表示，其原则是看起来要"像"。作图要规范，因为规范作图实际上是对"如何作几何体的平面图"与"平面图如何看（想象）成体"这两个问题的大众化的统一回答。

上课时让学生上黑板画图，然后师生共同评析，看哪个同学画得好，优点在哪里，存在哪些毛病；印发常见的基本直观图给学生，让学生反复观摩，然后再画出来，作为作业；课外组织学生进行"画直观图比赛"。这些措施能激发学生的学习兴趣，使学生认识到规范作图的重要性，增强学生的作图能力。

4. 培养学生由直观图出发的空间想象能力

这一过程要分两步走：第一步是先根据平面图找模型，再依据模型来想象。当第一步达到一定熟练程度之后，便实施了第二步，即直接根据平面图出发进行空间图形（体）的直观形象的想象。

多让学生制作模型，对培养学生的空间想象力是一项非常有益的活动。模型的制作应由简单到复杂。

另外，让学生制作正方体、正四面体、正八面体的模型是必不可少的课外作业，这既有助于学生提高空间想象力，也使学生领悟到这些几何体的和谐美、对称美，从而增加学习数学的兴趣。

5. 培养学生由条件出发的空间想象力

即培养学生由描述几何形体的条件就可以想象出空间图形（体）的直观形象的能力。这一能力分成两个层次：第一层次是根据描述

几何形体的条件做 出直观图（或找模型），再根据直观图（或模型）想象出几何形体的直观形象；第二层次是直接由条件出发进行直观形象的想象。

多做类似下面的练习，对提高学生空间想象力有事半功倍的效果。

试想象（离开模型、图形）正方体 ABCD – $A_1B_1C_1D_1$ 中：

①各顶点的位置；

②在各棱所在的直线中，与直线 AB 平行的直线有哪些？

③在各棱所在的直线中，与直线 AB 相交的直线有哪些？

④在各棱所在的直线中，与直线 AB 异面的直线有哪些？

⑤在各顶点连线中，与直线 AB 成 45°角的直线有哪些？

6. 培养学生对空间图形（体）的分解，组合和变形的想象能力

这一能力的实质是对空间图形中点、线、面的位置关系与数量关系的认识与想象。精选例题，精选练习，引导学生大胆思考，深入探索，对提高学生这方面的能力十分重要，下面是两道例题。

例1：在 △ABC 中，A（0，0），B（1，3），C（3，2），将 △ABC 绕 y 轴旋转一周，求所得几何体的表面积。

例2：有一个半径为 5cm 的球，以它的一条直径为轴，钻一个半径为 2cm 的孔，求剩余部分的表面积。

以上的培养学生的空间想象力的六个过程中，前两个过程是基础，第三个过程是关键，这三个过程的教学工作做好了，后面三个过程的教学工作才有望顺利完成，六个过程并不是彼此孤立的，而是互相交错，相辅相成的。在每一个过程中，都要刻意做好两件工作，其一是对空间图形的直观形象的想象，其二是对空间图形中点、线、面的位置关系的认识与想象。《立体几何》的教学过程是一个严密的知识体系的发展过程，这一过程隐含着内在的空间想象力的培养过程，两者具有高度的统一性。因此，空间想象力的培养是有机

地渗透到立体几何的教学过程中去的。

　　空间想象力的培养是一个从无到有、从有到好的过程，但能力的培养不是一节两节课就能实现的，必须贯穿教学的始终；要注意克服学生中存在的畏惧心理，激发学生的学习热情。

九　实践力

什么叫实践力

　　实践力是人类在实践过程中解决现实问题的能力，是人类自觉自我的一切行为。内在意识本体与生命本体的矛盾是推动人类自我解放的根本矛盾，其外在化为人类个体及组织、阶级通过生产关系联系的整体对于自然及个体间或者集体关系、阶级关系形成的解放活动。实践只有在自觉的意识下才是人性的，自觉是人类自我解放的一般规律，是自我意识的必然。自发是无意识的自然活动，是人基于自然进化的基础所具有的属性。

　　人类基本的实践矛盾就在于内在的自我本质对于自我自然的发现及创新。而人类由于实践的科学化，在生产力进步的社会化中外在矛盾的实践再反作用于自我本体形成对于自我本体的实践主导。

　　实践是马克思主义的核心概念，实践活动是以改造世界为目的、主体与客体之间通过一定的中介发生相互作用的过程。实践矛盾产生物质及意识概念，物质与意识的认识是实践的规律性规定。实践的内在矛盾是意识本体与生命本体的自我解放必然。实践的基本主体是人，实践的基本矛盾就是人的基本矛盾，其规律就是人的运动规律。人的行为范畴就是实践的行为范畴。

实践的规律和特点

实践具有自身的规律和特点，是同思维和认识相互区别和相互对立的主体行为，但是实践不能脱离思维和认识独立存在，实践需要思维产生的实践意识作指导，思维需要认识获得的知识作基础，没有思维和认识就没有实践。实践、思维和认识是统一的整体，是主体日常行为。

实践是世界和万物的创造者，没有实践就没有我们生活在其中的现实世界，就没有实践创造的城市、农村、山川、田野和万物，就没有在实践中得到生存和发展的主体，实践不仅创造出新的客体，而且创造出新的主体。

人的实践具有社会性。人是社会的主体，个人的实践同社会有着密切的关系，因此，人的实践是社会的实践、是新社会的创造者。人们能动地改造和探索现实世界的一切社会的客观物质活动。实践是人的社会的、历史的、有目的、有意识的物质感性活动，是客观过程的高级形式，是人类社会发展的普遍基础和动力。全部人类历史是由人们的实践活动构成的。人自身和人的认识都是在实践的基础上产生和发展的。

实践的表现形式

实践是主体的行为，是实践意识的表现形式，是主体发现客体对自己有所影响后，为了消除客体对自己的影响，肌肉运动组织在思维组织产生的实践意识指挥下，对影响主体生存和发展的事物、现象、环境、矛盾和问题进行处置，以实现主体生存和发展目标的行为。

处在变化运动过程中的事物、现象、环境经常会对主体提出一些要求，主体只有通过自身行为努力满足客观现实对自己的要求，不断解决自身生存和发展遇到的矛盾和问题，才能实现生存和发展的目标。

人是实践行为的主体之一。人不仅是一个思维者、一个认识者，而且还是一个实践者。人之所以要实践、要行动、要运用肌肉运动组织做事，是因为人遇到了必须通过自身实践才能解决的影响自身生存发展的矛盾和问题，是因为人已经认识到现实的客观事物和环境不能完全满足人的生存和发展需要，认识到人具有实践的能力、具有通过自身的肌肉运动组织的行动和行为解决遇到的生存矛盾和问题，实现生存发展目标的能力。认识到实践是人必选的生活方式。

实践意识是主体发现自身生存遇到了现实的矛盾和问题后，思维组织通过对感知组织获得的全部知识的分析处理产生的，是指挥主体的肌肉运动组织进行活动、消除客体对自己的影响、解决遇到的矛盾和问题、实现生存发展目标的意向、方案、路线、方法和命令。

实践意识是主体实践行为的本质、内在规定和组成部分，是主体在实践行为发生以前思维组织确立的具体形式的主体意识，它包括实践目的、实践对象、实践方案、实践方法和手段等内容。

实践是主体在神经中枢发出的命令指挥下发生、发展和结束的行为，是主体生活的担保和根据，是主体的一种可靠的生活方式。实践反映了主体的生存需要和客观现实之间的矛盾，表明了主体在面对生存挑战时所采取的积极态度。实践是主体对客体对自己的作用、刺激和影响做出的反作用。

实践的过程是主体在实践发生以前确立的实践方案的逐步展现的过程，是主体为实现生存发展的目标、执行思维组织发出的实践命令的过程，是我们认识和发现实践意识的桥梁和必经之路。现代生物学研究已经证明，肌肉运动组织的每一个细微活动，都是在神经中枢发出的电信号的命令指挥下实现的，没有神经中枢发出的命令信号的指挥，肌肉运动组织就不会发生无缘无故的运动。神经中枢产生和发出的承载着实践意识的一组电子信号，是思维组织对感知组织获得的知识进行分析处理的结果，是实践意识的物理存在形式。实践意识存在于神经中枢向有关肌肉运动组织有序发出的一组电子命令信号之中。思维组织对感知组织获得的知识进行的分析和处理，是思维组织内部发生的严格遵循自然规律的变化、运动和反应，思维的过程是我们完全可以认识的生化运动和物理运动的过程。

电子计算机具有类似人脑的思维功能，计算机对经输入组织获得的电子信息知识的分析处理，是计算机内部进行的遵循我们已知的物理定律的运动。虽然计算机的思维不包含生物化学的运动和变化，比人的思维简单得多，但是两种思维产生的结果是完全相同的，人脑和电脑的思维都能产生出指挥主体行为的电子信号命令。电脑思维的结果表现为电脑向显示器发出的将特定语言文字在显示器屏幕上显示出来的电子信号命令，人脑思维的结果表现为人脑向肌肉运动组织发出的指挥人的具体行为电子信号命令。

眨眼睛是简单的实践行为，数百万人参加的战争或经济建设是复杂的实践行为，虽然这两种实践行为的区别是明显的，但是它们具有共同的本质和组成部分，它们都包含着一个完整的实践意识，都是人脑发出的实践意识的自然展现形式，都是主体神经中枢产生和发出的一组完整的电子信号的展现形式。

实践的基本发展

实践有着诸多的含义，经典的观点是主观见之于客观，包含客观对于主观的必然及主观对于客观的必然。在恩格斯的自然哲学中，揭示人的思想产生于劳动，即人的主观意识产生于人的实践行为，同时人的主观意识反作用于客观存在。在马克思那里主要强调人的社会实践，强调实践的社会性。强调人的社会意识具有的生产力历史性、阶级性。但他们都是物质的，辩证的。人的主观与客观存在都是物质的。主、客观是认识论上的区别，是相对于实践的内外关系的定义。实践论是基于唯物论及辩证法两者总体的认识。毛泽东的《实践论》强调实践的主客观矛盾发展对于认识及再实践的认识发展过程。认识上升到理论的指导作用。在当代以来强调实践的真理标准，其包含真理的发现及检验、实现，见之于客观。

人是人的客观存在。人本身是物质的，是具有特定意识体存在的客观物质。人的内在矛盾包含一对物质矛盾：

意识本体对于生命本体的物质矛盾，此矛盾是人类内在的基本矛盾，是物质的。人内在矛盾总体同时与外在世界构成人类的发展矛盾，同时可分个人主体的外在社会及自然矛盾与社会主体的人类内在与外在矛盾。这些矛盾总体是人的实践，早期马克思主义者主要是社会总体矛盾的解放探索与对于自然的解放探索。当代马克思主义对现代科学及社会发展进行新的发现与探索在个人为核心的人类内在矛盾实践领域进行广泛的探索，汲取资产阶级学者的有益成果，进一步扩大研究范畴，将马克思主义的实践观点进行了全面丰富。

实践力的重要作用

在生活当中，很多人喜欢胡思乱想尤其喜欢负面思考，因为想太多于是把所有的困难都想出来了。其实人的所有困难和不快乐，可能都是想出来的。想得再多，都不如采取一个行动来得简单又有用。

所以，我们要大胆假设、小心求证，经过再三评估后再去行动。

比如，许多小朋友最喜欢实验课了，因为可以自己亲自动手；家庭互动中，妈妈也可以在每天做家务的过程中，邀请小朋友一起来，一边聊天、一边劳动，把它变成一项快乐的家庭活动。父母老师便可以如此带领小朋友在生活里面，学习如何采取行动，在行动的过程当中学习成长。

举个例子，以前有两个和尚，一个富和尚、一个穷和尚，这两个和尚都有一个理想，要到南海去拜佛。富和尚心里想：哎呀，要到南海这么遥远呢，我还是多存一点钱吧，等到准备万全时再上路吧！但穷和尚心里想：反正我也没有多少钱，再存也存不了多少，不如就先上路再说。这一路也许化缘、也许寄宿，一路想办法应该就能够到达南海吧！结果三年过后那个穷和尚已经拜完南海观音菩萨回来了，而那个富和尚还在原地存钱呢。

所以说，许多事情想太多反而没有用。你在门的后面去猜测门的另一边有什么，等一下会遭遇到什么，那么，到最后你可能都只在那里空想，与其空想，不如踏出那一步。踏出那一步之后，你就会知道门后面有什么了。

当然，我们也不要鲁莽行动，要贯彻实践力。所谓的实践力，其实包涵了"执行与贯彻"，一件事情你说到了就要把它执行到位，如果执行不到就要问问困难在哪里。不少学生做事经常是三分钟热度，一下子就没耐心了，所以，父母老师在教育他们的过程中，要经常跟他们强调实践力和落实的重要，令其了解凡事脚踏实地地去做，踏出了第一步，就有第二步，踏出了第三步，第一百步也就指日可待了，正所谓万丈高楼平地起，愚公移山也是从实实在在的一铲接着一铲而开始的。

激发实践力的方法

按照"成就动机"理论，实践力的来源最终会归结为追求快乐和逃离痛苦两个方面。

激发实践力的方法很多，但它们的基础都是共同的，那就是"明确"，因为明确就是力量。假使我们想持续地增强自己的实践力，做到以下"十大明确"是十分有必要的。

1．明确生活与工作的意义

你应该认真回答自己：我为什么而活着？

有的人是为了及时行乐；有的人是为了家庭、子女；

有的人是为了活出个人样；

有的人是为了成就一番事业……

如果仅仅是为了自己的温饱，你可能不需要花太大的力气就可以满足，因此也不会有太大的实践力。

2．明确自己人生的使命

人因梦想而伟大。高尔基言：目标越远大，人的实践力就越强。

有的人，他的使命是为了实现社会的自由、平等、博爱；

有的人，他的使命是为了让黑人的子女能与白人的子女在一个学校里读书；

有的人，他的使命是为了弘扬某一处文化；

有的人，他的使命是为了让13亿人能吃饱饭；

有的人，他的使命是为了人们购物、出行、办公等生活工作变得更方便；

有的人，他的使命是为了让每一个人都懂得如何拥有成功人生。

当然，也有人小有成就，就失去了斗志，而那也许正是因为他的梦想不够远大。

为使命而工作的人，永远不缺实践力。

扪心自问，自己人生的使命是什么？

3．明确为何要达成这个目标

为每一个目标写下为何要达成它的十条以上理由。其中当然包括达成它的快乐是什么，达不成时痛苦是什么。理由越多、越明确，实践力将越强。

有人曾为自己三年达成"百万富翁"的目标写下了 21 条理由。千万不要小看这一个小小的举措，它会帮你储备无穷的实践力！

记住："为何"远比"如何"更重要。

4．明确地将以上这些写下来

"写下来"的含义包括：用最明确的文字，尤其是数字描写出来。

尽量将其视觉化的文字或图像，摆放在你随时或每天都能轻易看得到的地方，每天的视觉刺激会让你的潜意识"刻骨铭心"。不要太轻信用脑袋记忆，记忆的作用太有限。因为用不着多久，每天纷繁复杂的事务与信息，会将你的这点记忆冲刷得一干二净。

5．明确知道如何达成自己的目标

必须明确知道达成每个目标的必要条件、充分条件、辅助条件，明确地为每个目标制订详细到你现在就知道该去干些什么。

6．明确列出自己达成目标的全部制约因素

如不利条件、担忧的事、自身的缺陷、不良习惯、竞争对手等等。

7．明确知道现在就应该全力以赴地行动

许多条件是在"运动中"完善的。不要总是等待明天，不要等到万事俱备才开始行动。只有积极行动才会真正万事俱备。

行动的时候请保持专注，不要在胡思乱想中浪费光阴。经常带自己进入"忘我境界"。没有行动时人常有一个特征：想得太多，而做得太少。因为做得太少，得到的也就不会太多，于是，恶性循环又给他带来更多新的困惑。

十 创造力

什么叫创造力

创造力是人类特有的一种综合性本领。一个人是否具有创造力，是一流人才和三流人才的分水岭，它是知识、智力、能力及优良的个性品质等复杂因素综合优化构成的。创造力是指产生新思想，发现和创造新事物的能力，是成功地完成某种创造性活动所必需的心理品质。例如，创造新概念，新理论，更新技术，发明新设备，新方法，创作新作品都是创造力的表现。

创造力是一系列连续的复杂的高水平的心理活动。它要求人的全部体力和智力高度紧张，创造性思维在最高水平上进行。

真正的创造活动总是给社会产生有价值的成果，人类的文明史实质是创造力的实现结果。创造力的研究日趋受到重视，由于侧重点不同，出现两种倾向，一是不把创造力看作一种能力，认为它是一种或多种心理过程，从而创造出新颖和有价值的东西；二是认为它不是一种过程，而是一种产物。一般认为它既是一种能力，又是一种复杂的心理过程和新颖的产物。

创造力较高的人通常有较高的智力，但智力高的人不一定具有卓越的创造力。根据西方学者研究表明，智商超过一定水平时，智力和创造力之间的区别并不明显。创造力高的人对于客观事物中存在的明显失常、矛盾和不平衡现象易产生强烈兴趣，对事物的感受性特别强，能抓住易为常人漠视的问题，推敲入微，意志坚强，比较自信，自我意识强烈，能认识和评价自己与别人的行为和特点。

创造力与一般能力的区别在于它的新颖性和独创性。它的主要成分是发散思维，即无定向、无约束地由已知探索未知的思维方式。按照美国心理学家吉尔福德的看法，发散思维当表现为外部行为时，就代表了个人的创造能力。

可以说，创造力就是用自己的方法创造新的、别人不知道的东西。

创造力的构成

研究创造力的构成，分析创造力的构成因素，有利于加深对创造力本质的了解，对进行创造力开发具有指导作用。

1. 知识

信息和知识是创造的基础和原材料。没有及时的、可靠的、全面的信息是不会产生创造成果的。一个对光电知识一无所知的人是不能发明出新型的电灯来，一个对计算机一窍不通的人也不能开发出新的操作系统，不了解前人的成果、眼光狭窄、知识贫乏的人是不可能作出重大科学发现和技术发明的。知识的掌握，在很大程度上决定着认识能力、解决实际问题能力的速度和质量。

在创造力构成要素中，一般知识和经验为创造提供了广泛的背景，包括专业知识、创造学知识、特殊领域知识的专门知识，直接影响创造力层次的高低。

2. 智能因素

智能因素包含三种能力，一是一般智能，如观察力、注意力、记忆力、操作能力，它体现了人们检索、处理以及综合运用信息，对事物作间接、概括反映的能力；二是创造性思维能力，主要指发散思维能力，如创造性的想象能力、逻辑加工能力、思维调控能力、直觉思维能力、推理能力、灵感思维及捕捉机遇的能力等，它体现出人们在进行创造性思维时的心理活动水平，是创造力的实质和核心；三是特殊智能，指在某种专业活动中表现出来的并保证某种专业活动获得高效率的能力，如音乐能力、绘画能力、体育能力等。特殊智能可视为某些一般智能专门化的发展。

　　3．非智力因素

　　非智力因素包含两种因素。一是创造意识因素，指对与创造有关的信息及创造活动、方法、过程本身的综合觉察与认识。也可以简单地理解为创造的欲望，包括动机、兴趣、好奇心、求知欲、探究性、主动性、对问题的敏感性等。培养创造意识可以激发创造动机，产生创造兴趣，提高创造热情，形成创造习惯，增强创造欲望。任何创造成果都是创造意识和创造方法的结合。从某种意义上说，一个人能做出创造性成就，创造意识要比创造方法更重要，尤其在创造的初期，因为创造意识能使人们自觉地关注问题，从而发现问题。想创造的欲望决定了创造过程的发动，任何一个人如果他不想去创造，纵然再有才能，也不可能成功。

　　另一种是创造精神因素，指创造过程中积极的、开放的心理状态，包括怀疑精神、冒险精神、挑战精神、献身精神、使命感、责任感、事业心、自信心、热情、勇气、意志、毅力、恒心等。创造精神也可以简单地说成是创造的胆略。在创造活动中，创造精神往往是成功的关键。

　　研究表明，智能因素是创造活动的操作系统，非智力因素是创造活动的动力系统。非智力因素虽然不直接介入创造活动，但它以动机作用为核心对创造活动起着极其重要的作用。

创造力的行为特征

创造力的行为有三个特征：

1. 变通性

思维能随机应变，举一反三，不易受功能固着等心理定势的干扰，因此能产生超常的构想，提出新观念。

2. 流畅性

反应既快又多，能够在较短的时间内表达出较多的观念。

3. 独特性

对事物具有不寻常的独特见解。聚合思维在创造能力结构中同样具有重要作用。所谓聚合思维是指利用已有定论的原理、定律、方法，解决问题时有方向、有范围、有程序的思维方式。发散思维与聚合思维是统一的、相辅相成的。人们在进行创造性活动时，既需要发散思维，也需要聚合思维。任何成功的创造都是这两种思维整合的结果。创造力与一般能力有一定的关系，研究表明，智力是创造能力发展的基本条件，智力水平过低者，不可能有很高的创造力。

另外，创造力与人格特征也有密切关系，综合多人研究的结果表明，高创造力者具有如下一些人格特征：兴趣广泛，语言流畅，具有幽默感，反应敏捷，思辨严密，善于记忆，工作效率高，从众行为少，好独立行事，自信心强，喜欢研究抽象问题，生活范围较大，社交能力强，抱负水平高，态度直率、坦白，感情开放，不拘小节，给人以浪漫印象。

也有专家认为，创造力通常包含发散性思维的几种基本能力。一是敏锐力，即觉察事物，发现缺漏、需求、不寻常及未完成部分的能力，也就是对问题的敏感度；二是流畅力，即思索许多可能的构想和回答。形容一个人"下笔如行云流水""意念泉涌""思路流畅""行动敏捷"等都是流畅力高的表现；三是变通力，即以一种不同的新方法去看一个问题；四是独创力，指反应的独特性，想出别人所想不来的观念，独特新颖的能力；五是精进力在原来的构想或基本观念上再加上新观念，增加有趣的细节，和组成概念群的能力。

创造力的培养

创造力是指产生新思想，发现和创造新事物的能力，它是成功地完成某种创造性活动所必需的心理品质。创造力与一般能力的区别在于它的新颖性和独创性。它的主要成分是发散思维，即无定向、无约束地由已知探索未知的思维方式。

那么，该如何培养创造力呢？

1. 富有创造力的灵感只赋予那些勤于钻研的人

灵感的出现是在解决问题而又百思不得其解时，由于受到某种因素的启发，出现"顿悟"，使问题迎刃而解。有人把灵感看成"天赐"，其实，"天才出于勤奋"。灵感是创造力的一个要素，而灵感的出现需要有深厚的知识功底。人们运用这些知识时，其中潜伏着的智力因素便又表现出来，可以解决更为广泛的问题。譬如，一块大石头挡住去路，有的人马上想到用撬棍把大石头搬走。在另一种场合，如汽车陷入泥土里，同样想到了撬棍，甚至由此发明了新式起重机。

2. 创造力来自不懈地追求创新的欲望

没有很强的创造欲望，创造活动便不能进行。美国的电话发明家贝尔，少年时代智力表现平平，而且贪玩，但后来受到祖父的影响，唤起了强烈的求知欲，并对发明创造产生浓厚的兴趣，从而在少年时代便设计了一种比较轻快的水磨。这说明，创新的欲望与对创造的不懈追求是创造成功的重要条件。

3．顽强的意志是发挥创造力最宝贵的品格

在任何领域里，没有良好的意志品质与拼搏精神是不可能获得成功的。歌德说过："没有勇气一切都完了。"良好的意志品质不仅表现为坚持到底的顽强毅力，还表现在辨明方向、看清利弊之后的当机立断，能排除各种干扰，在挫折面前不回头，成绩面前不忘乎所以。

4．虚心好学使创造力更丰盈

虚心好学，不断充实自己，才能超越自我的浅薄。可根据自己设定的目标，准确地学习内容，能从所学的内容中推演出新观念，并在与别人交谈或日常生活中获得灵感和启发。

5．不拘泥于传统的观念，敢于标新立异

创造力活动本身就是一种对原来框架的突破与发展，否则便不成其为创造。对大多数人来说，由于传统文化观念的束缚，很容易产生一种思想惰性，对他人超乎常规的想法和做法又往往多加指责。要想做出成绩，重要的是要有打破定势、标新立异的思想品格。

提高创造力的技巧

1．凡事质疑

对任何事情都提出疑问，这是许多新事物新观念产生的开端，也是培养创造力最基本的方法之一。

第一，独立思考。我们头脑中的各种理论知识，大多是来自老师或权威，极少是我们自己独立思考的。那些老师和权威又来自何方呢？也是来自他们的老师和权威，代代相传，经过许多歪曲和谬误。如果我们以为自己的经验就完全正确，那就错了，那些来自我们自己经验的知识同样是靠不住的，因为经验也会欺骗我们。例如：一座六角形的塔，从远处看来似乎是圆形的；温度相同的两桶水，如果你的两只手的温度不同，分别放进两只桶内，你会感到水的温度不一样。因此，人类的感觉经验并不完全可靠。

第二，敢予否认前人。学习的过程不单单只是一个接受的过程，还要不断地创新。把前人的说法全盘拷贝下来是没有用的，如果对于自己所学的知识完全不加以怀疑，全盘接受，那么，实际上并没有真正懂得这门知识，自然也不可能把这门知识运用到生活中。我们能够提出疑问时，就说明我们对这件事情有了自己独立思维，有位科学家曾说：提出问题比解决问题更重要。我们首先要怀疑，才能够提出问题，也才能够发现新的观念。

第三，质疑日常习惯。我们常常会把某些习惯视为理所当然，殊不知许多偏见就是这样形成的。例如，某件事情在我们生下来时就已经存在，我们自然会把它纳为生活的一部分。要避免习以为常、不加深思，并养成凡事多思考，认识自己也认识别人的习惯，需要"凡事质疑"，而创新思维的关键亦即在于此。

第四，寻找人生的答案。答案并不重要，重要的是思考本身。你不需要准确的回答，能够思索这些问题就够了。提出人生疑问最重要，答案得自己去寻找，自己回答自己，并激励着自己。

2. 扩张思考广度

在日常生活中我们经常会发现，某些人在思维过程中范围很大，能够海阔天空的联想；而有些人则缺少思维的广度，往往只能在某个问题里绕圈子，思路总是打不开。从创新的角度来说，思维的广度是不可少的。

第一，掌握万物之间的联系。所谓思维的广度，就是指当头脑在思考一个事物、观念或者问题的过程中，能够在多大范围内联想起别的事物、观念和问题，以及联想的数量有多少。

从思维的范围方面来说，当我们确定了一个思维的对象，就要围绕着这个对象思考，包括了解这个对象和哪些因素有联系，它绝不会单独地存在着。所以我们在思维过程中，必须要破除各种思维模式，要用更宽广的角度和视野看问题，这样才能更有效达到创新思维的目标。例如说，把气象预测纳入弘法的思维范围，借由观天气，提升弘法的契机度。

第二，扩大观察范围。由于受到各种思维模式的影响，人们对于司空见惯的事情其实并不真正了解。只有我们换一个角度，而且是强迫自己换一个角度来观察时，才可能发现更多奇妙的事物，也才能发觉自己原先思考的范围很狭窄。

也许有人会认为，观察和思维某一个对象，就应该全力集中在这一个对象身上，不应该扩大观察和思维的范围，以免分散注意力，而实际情况并非如此。科学研究证实，光、声、味、嗅等感觉，对于创新思维有促进的作用。人们发现，当儿童在回答创意测验题时，喜欢用眼睛扫视四周，试图找到某种线索。线索丰富的环境能够给被试者许多良好的思维刺激，使他获得较高的分数。科学家曾进行过这样一次测试，首先把一群人关进一所无光、无声的室内，使他们的感官不能充分发挥作用。然后再对他们进行创新思维的测试，结果，这些人的得分比其他人要低很多。

第三，破除思维障碍。扩展思维的广度，也就意味着思维在数量上的增加，增加可供思维的对象，或者找出一个问题的各种答案等等。思考的数量愈多，可供挑选的范围也就越大，其中产生好创意的可能性也就越大。扩展一种事物的用途，便可产生一项新创意，比如，木鱼的最早发明是用来调节诵经时的速度，后来在唱颂佛曲时，也使用木鱼来充当乐器。

第四，强制式思维扩充。采取某种不合常规的方法，强制自己的头脑转换思维方向，也是创新思维的有效方法。例如，把打算创新的事物与某些和它并不相同的属性联结起来，然后再思索二者之间的关系，从中找出新的方向。强制式扩充思维法就是强迫自己的头脑抛开原先的思维模式，走出一条思维新路。

第五，鼓励标新立异。在日本小学美术课堂上，日本的老师教孩子们怎样画苹果，教师发现有个孩子画的是方苹果，于是就耐心询问："苹果都是圆形的，你为什么画成方形的呢？"孩子回答说："我在家里看见爸爸把苹果放在桌上，不小心，苹果滚到地上摔坏了，我想如果苹果是方形的，该多好呀！"老师赞美说："你真会动脑筋，祝你能早日培育出方苹果。"把苹果画成方形，显然脱离了实际，但那位日本老师却仍循循善诱，引导孩子说出自己的想法与创意，并给予认同，这种教育方式真令人敬佩。

扩充思维就意味着标新立异，其中难免会有幼稚和犯错。但是如果我们总是懒于尝试，自然会导致思维逐渐封闭。

3．扩张思考的宽度

世界知名的思维训练专家德波诺曾用"挖井"作比喻，说明了"垂直思维"和"横向思维"两种不同方法的关系。德波诺说，垂直思维是从单一的概念出发，并沿着这个概念一直前进，直到找出最佳的方案或办法。但是，万一起点选错了，以致找不到最佳方案的话，问题就麻烦了。这正像开挖一口水井，费了很大的力气，挖了很深，但仍不见出水，怎么办呢？对于大部分人来说，放弃太可惜了，于是只有继续把这口井挖得更深更大。如果更深更大之后仍不见水，人会由于已经投入了如此多的时间和精力，更加不愿意放弃，一方面感觉到越来越失望，同时也感觉到希望越来越大。这就是典型的"垂直型思维"。

而"横向思维"则要求我们，首先从各种不同的角度思索问题，然后再确定并找出最佳的解决方案。在"挖井"这个例子中，横向思维要求我们，首先要确定井的正确位置，一旦发现位置错了而不出水的时候，就应该果断放弃，另寻新址，不可贪恋那口尽管已挖了半截、但位置错误的枯井。

第一，广泛涉猎多个领域。如果只注意一个问题领域，这往往会阻碍我们发现更新鲜、更充分、更漂亮的材料，因为思维的惯性很容易使我们在一个特定的问题领域中作循环思索。这种时候就需要跳出来，看一看其他领域，或从别的地方寻找一些材料来启发自己。

第二，结合不相关的元素。把各种或不相关的元素放在一起，也是一种横向思维，如此也能获得对问题的不同创见。例如：当工作正需要某位组员处理时，却到处找不到此人，如果有什么设备可以用来既给个人自由，而同时又使他不离开工作岗位，这岂不一举两得？当你尽力寻求问题答案，可采用以下具体步骤：

①先列举出十种具体物体。

②依次考虑每一物体，将其分解为可描述的特性。

③分别分析每一物体的特性，以寻求刺激的可持续进行，直到所有物体及其所有特性都经过研究为止。

④对解决方案加以研究，并选择那些最有可能解决问题的方案，再加分析。

第三，交叉孕育创意。横向思维还可以解释为，把两个或多个并列的事物交叉起来思考，再把两者的特点结合在一起，使其成为一个新事物。最便捷的办法是找某一领域的专家，并向他提出这样的问题。

第四，提高思维速度。经常进行横向思维训练能够提高思维的速度。创新思维是需要讲求效率的，必须在限定的时间内想出对策和计划，如果超出了限定的时间，就有可能遭受某种损失。有的时候，某种绝妙的点子，也只能在特定的时间内施行才能取得良好的效果，超出时间范围，好点子也有可能会变得毫无价值。

第五，思维的横向与纵向。在实际的思维过程中，人们经常是交替使用"横向"和"纵向"两种思考方式的。思维速度敏捷的人，经常能表现出良好的"临场应急"的能力。这种能力在社交场合很有用处，它不但可以让我们摆脱尴尬的境地，甚至迅速反击某些人的恶意攻击。

4. 右脑思考法

人的左脑、右脑各具有不同的功能。右脑主要负责直觉和创造力，也可称为专管形象思维，判别方位等；左脑主要负责语言和计算能力，也称为专管逻辑思维。一般认为，左脑较多为人所利用，而右脑功能普遍得不到充分发挥。所以，从创新思维的角度来说，开发右脑功能的意义是十分重大的，因为右脑活跃有助于破除各种各样的思维模式，提高想象力和形象思维能力。

第一，多运用右脑。若想多用右脑，可以尝试以下的方法：

①经常考虑怎样对事物进行改良或改造，或进行能看得见的发明或者看不见的发明。

②多做感性方面的活动，培养趣味，如音乐、拍照等。

③确立人生的生存意义，树立个人的奋斗目标，并得到兴奋感和成功感。

④摄取对右脑有益的食物等。

⑤智力练习和活动可直接影响右脑。这类练习和活动不同于一般的智力测验，主要在发挥想象力。

此外，开发右脑的方法还有：跳舞、美术、欣赏音乐、种植花草、手工技艺、烹调、缝纫等。既利用左脑，又运用了右脑。如每天练半小时以上的健身操，打乒乓球、羽毛球等，特别需要多让左手、左腿多活动（左脑控制身体的右侧，右脑控制身体的左侧）。

第二，左侧体操。日本人设计出一种可增强右脑功能的"左侧体操"。它的理论依据是，左右侧的活动与发展通常是不平衡的，往往右侧活动多于左侧活动，因此有必要加强左侧体操活动，以促进右脑功能。

此外，在日常生活中尽可能多使用身体的左侧也是很重要的。身体左侧多活动，右侧大脑就会发达。右侧大脑的功能增强，人的灵感、想象力就会增加。例如，在使用小刀和剪子的时候总用左手，拍照时用左眼，打电话时用左耳。

还有手指刺激法。手能使脑得到刺激发展，使它更加聪明。许多人让儿童从小练弹琴、打字、珠算等，这样双手的协调运动，会把大脑皮层中相应的神经细胞活力激发起来。

第三，离题遐想。右脑思考的特点是形象和想象，因此在研究问题中需要创新思维时，应该随时进行各种类型的离题遐想。

选择什么样的离题遐想，要考虑解决问题所要求的特性，同时也要考虑准备冒的风险及正在使用的材料类型。美国学者将离题遐想分成了两种类型的离题。一种是臆想性的或幻想性的离题，另一种是例证离题。臆想性离题是最不正统的一种离题方式，它对思想保守的人来说具有潜在的困难。不过它往往会产生戏剧性作用，尤其当人们原本并未抱什么希望，但它确实激发出最具创新性的思想。

对于臆想性离题而言，以下介绍并说明它的训练方法。

　　请每位参加者想象一幅图或讲述一个想象的故事。首先由一个人先开始后，每位小组成员都必须为故事加上一段情节，他们可随时加塞进来。在这个过程中，所添加的情节越丰富多彩、稀奇古怪、荒诞不经、充满异国情调，故事会越精彩。如有可能，应尽量使故事有一定的连贯性，这样会有助于发挥更好的想象力。每个人尽力为故事增加一分钟的长度，至于何时转变话题则由领导者决定。

　　如果故事在某一特殊情节的细节上停顿下来，领导者可以请一位成员杜撰某种让人吃惊的事件。反之，如果想象力没有得到充分的发挥，那么领导者就该让大家集中于某一剧情，可以要求参加者讲述更加细致的情节。故事的讲述者如果使意象转移过快，就容易造成情节不充分的现象。也许人们会对在大众面前创造心智意象感到紧张，他们也可能担心自己对故事的贡献能力。然而，无论如何激发想象力是最具启发右脑能力的一种训练。

　　当每位成员都至少有一次机会为故事贡献情节后，领导者要请大家在大脑将故事情节重温一番，并尽可能想出一些真正荒唐或不切实的解决办法。然后将荒谬的想法写下来。

　　领导者需和大家一起来检查分析，并了解在这些荒谬的方案中，是否有任何对他们来说颇具吸引力、或奇妙古怪、或甚为有趣味的想法。领导者要请小组成员审核与选定的这些荒谬办法、并尽力寻求将其转化为更切实可行和接近实际的方法。

　　由于"离题"，头脑放松了，各种荒谬想法也出现了，所以再回过头来研究刚才遇到的现实问题，也许就能很快得到创新的答案。

　　第四，走进想象的世界。人往往是现实的奴隶，忙于应付现实世界的一切，而将自己的想象世界抛到九霄云外。改变你的行动或生活最有效的方法便是打开想象之门，它会像一台发动机一样操纵着你行动，产生令人吃惊的效果。作为创造行为，它可以构成思维形象，然后发号施令，使你不得不去服从。经常想象自己杀人的人也许真会成为罪犯，关键问题是你是否服从自己的想象力。

每天早晨起床前，请你张开四肢，放松全身肌肉，然后想象一下今天要做的事，就像看电影似的，如果想象中做了什么蠢事，那么就在想象中改正它，直到看到这一天做得非常出色为止。晚上睡觉前也这样做一次，首先在想象中检阅一下白天的工作与想象之中的差别有多大，再想象第二天会做得更好，这样日复一日地练习下去，想象力会使你进步很多。

5. 灵感思考法

很多人都有这样的经验：当面对一个难题时，即使费了很大精力也没有想出解决的办法，但是当你吃饭举起筷子的一瞬间却想到了一个绝妙的主意，这就是灵感。

第一，引发自己的直觉。思维灵感与人的直觉是密不可分的，直觉是人的先天能力，也往往是创意的源泉，很多人靠直觉处理事情。任何时候人都会有预感，只是看你是否相信。绝大部分有创意的人都懂得直觉的重要性，他们在处理一些有矛盾的地方时，经常会凭直觉下结论。看起来虽然有点神秘，但其实却正是创造力经由直觉发挥作用的最佳时机。

直觉较强的人具有以下几个特点：

①相信有超感应这回事；

②曾有过事前预测到将会发生什么事的经验；

③碰到重大问题，内心会有强烈的触动；

④所做成的事都是凭感觉做的；

⑤早在别人发现问题前就觉得有问题存在；

⑥也许有心灵感应的事；

⑦曾梦到问题的解决办法；

⑧总是很幸运地完成看似不可能的事;

⑨当大家都在支持一个观念时,却依然持反对意见而又说不清楚为什么的人,是相信直觉能力的人。

第二,什么时候灵感容易出现?科学研究发现,人脑每分钟可接受千万个信息,其中2400万个来自视觉,300万个来自触觉,600万个来自听、嗅、味觉,而且人在睡前或刚醒的时候灵感最多。因为在夜里,当人闭目沉思,几乎完全避免了视觉的讯息对大脑思维活动的干扰刺激,而静卧在床上触觉讯息对思维的干扰亦降低到最低程度。这都十分有利于大脑发挥思维潜力,使人对问题的思考更易于突破。如果再加上偶然和特殊因素激发,还有可能使大脑潜力超常发浑,即可产生"灵感"。

其次,人躺着时,由于大脑血液状况明显地得到了改善,这也为大脑活动提供了最佳的营养保证。

6. 互动思考法

在一个创新团体中,思维互动是相当重要的,当其中一个人的头脑活跃起来并提出新想法的时候,就会对别人的头脑产生激发作用,使得大家的头脑都活跃起来。脑激荡就是一种集体创造力思考法,这是由美国企业家、发明家奥斯本首创,它也是目前在世界上被应用最广泛、最普及的集体智力激励方法。脑激荡法,原意为用脑力激荡某一问题,指一组人员透过开会方式就某一特定问题提出献策,群策群力,解决问题。这种方法的特点是:克服心理障碍,思维自由奔放,打破常规,激发创造力的思维活动,获得新观念,并创造力地解决问题。

第一,借互动以激发创意。脑激荡法何以能激发创造思维,根据奥斯本本人及研究者的看法,主要有以下几点理由:

①联想反应。联想是产生新观念的基本过程。在集体讨论问题

的过程中，每提出一个新观念，都能引发他人的联想。相继提出一连串的新观念，为解决问题提供了更多的可能性。

②热情感染。在不受任何限制的情况下，人人争先恐后，竞相发言，不断地脑力激荡，力求有独到见解或新奇观念。人类都有争强好胜的心理，在有竞争意识的情况下，人的心理活动效率可增加50%或更多。

③个人欲望。在集体讨论解决问题过程中，个人的欲望与自由不受任何干预和控制，是非常重要的。采用脑激荡法有一项原则，不得批评他人的发言，甚至不许有任何怀疑的表情、动作、神色。如此才能使每个人愿意畅所欲言，提出许多的新观念。

第二，脑激荡法的运行程序。其程序应分为：准备、热身、确认问题、讨论、做结论五个阶段。下面分别介绍：

①准备。一是选择理想的主持人，主持人应熟悉此技巧；二是由主持人和提出问题者一起详细分析所要解决的问题。此方法不宜解决包含因素过多的复杂问题，只宜解决比较单一且目标明确的问题；三是确定参加人选，一般以5～10人为宜，且保证大多数为精通该问题或具有某一方面专长的人，凡可能涉及的领域，都要有擅长的人参加；此外，还要有两位外行人参加。四是提前数天先将待讨论问题通知与会者，内容包括：日期、地点、要解决的问题及相关事宜。

②热身。此阶段的目的是要使与会人员进入"角色"并造成激励气氛。通常只需几分钟即可，具体做法是提出一个与会上所要讨论的问题毫无关系的问题。

③确认问题。这个阶段的目的是透过对问题的分析陈述，使与会者全面了解问题，开阔思路，包括以下三个方面：一是介绍问题。主持人简明扼要地向与会者介绍所要解决的问题；二是重新叙述问题，即改变对问题的表述方式，对每一种表述方式都要用询问的句

子来表达，切不可急于提出想法，要鼓励与会者提出尽可能多的意见；三是将提出的各种重新叙述的问题，按顺序排列。凡是启发性强、最可能解决问题的叙述要排在前面。

④讨论。这是与会者克服心理障碍，让思维自由驰骋，借助团体的知识互补，讯息刺激和情绪鼓励，透过联想提出大量创造力假设的阶段。这也是此法的重点阶段，当此阶段结束后，要求与会者会后继续思考，以便在第二天补充个人所想到的方法。

⑤作结论。由于会上提出的设想大部分都未经仔细考虑和评估，有待整理以后，才能有实用价值。此阶段包括以下三个步骤：一是增加设想。在讨论后的第二天由主持人或秘书以电话拜访的方式收集与会人员会后产生的新想法；二是评估。评估最好先拟定一些指标，根据这些指标来评选出若干最好的设想。

培养创造力应注意的问题

创造力是能够创造出具有社会价值的新理论或新事物的各种心理特点的综合，是智力发展的高级表现形式。创造力在发展水平和层次上是有所不同的。一种情况是创造出的理论、作品等是前所未有的，这样的创造被称为"真创造"；另一种情况是创造出的成品在人类历史上并非首创，只是就创作者个人而言是新的东西，这样的创造被称为类创造。从类创造的角度说，创造力不是少数天才和专家才有的，而是每一个普通人都可能有的。

不管是真创造还是类创造，对人类都很重要，因此我们必须重视创造力的培养。培养创造力，必须注意以下几点：

1. 保护好奇心，激发求知欲

好奇心、求知欲、自信心和创造力的发展紧密相关、相互制约。

因此，我们必须保持和发展好奇心、求知欲和自信心。

2．交替训练发散性思维和集中性思维

发散性思维是一种不依常规，寻求变异，从多方面寻求答案的思维形式。像作文"一文多写"，解题时"一题多题"，都是离不开发散思维的。集中性思维与发散性思维正相反，它是在思维过程中依据一定的标准，在多种假设或方案中选择最理想的假设或方案的思维。创造力与发散性思维和集中性思维有密切联系，有人认为创造力是一种以发散性思维为中心，以集中性思维为支持性因素的两种思维有机结合的能力。例如，有创造力的人既能对复杂问题的解决提出尽可能的方案，又能对每一方案一一进行论证或实验，找出最优方案。这一过程的前半部分主要是发散性思维，后半部则主要是集中性思维。在我们的学习、生活、工作中要注意以上两种思维的训练。

3．鼓励直觉思维并和分析思维相结合

直觉思维是一种不经过严密逻辑分析步骤、没有意识到明显的思维过程而突然作出新判断、产生新观念的思维。直觉思维实际上是一种近乎猜想、假设、一时还得不到证明的思维，有时这些猜想是错误的，有时则接近于灵感的产生。直觉思维的升华便是"顿悟""灵感"的到来。直觉思维在人的创造性活动中占有重要地位。如果没有直觉思维做先导，很难提出假设并取得突破。在学习活动中也常有这种思维，如猜测题意、作应急性的回答、即兴演讲比赛等。当然，在创造活动中也离不开分析思维。要形成创造力，也必须进行上述两种思维的训练，并要把两者有机结合起来。

4．向具有创造性的人学习

我们可以通过接触、访问科学家、思想家，学习他们的创造思路和过程，使我们得到启发。

5. 积极参加创造性活动

创造力也和其他一般能力一样，是在实践活动中锻炼出来的。就学生来说，参加各种科技小组、文艺小组、课外阅读兴趣小组、种植畜牧小组等，这些活动对启发学生的创造性、培养学生的创造力有重要意义。

6. 发展想象力

想象力和创造力有密切关系，它是人类创造活动所不可缺少的心理因素。不管是科学家的创造、艺术家的创造，还是理论家的创造，都离不开想象力。所以必须注意培养、发展自己的想象力。

希望我们每一个人都努力培养自己的创造力，力争在你的一生中形成真创造，起码是产生许多的类创造。

解·析
进取的人生

〈下〉

王旭 ◎编著

中国出版集团
现代出版社

图书在版编目（CIP）数据

解析进取的人生（下）／王旭编著. —北京：现代
出版社，2014.1
　ISBN 978-7-5143-2453-2

　Ⅰ. ①解… 　Ⅱ. ①王… 　Ⅲ. ①成功心理 - 通俗读物
Ⅳ. ①B848.4 - 49

　中国版本图书馆 CIP 数据核字（2014）第 056886 号

作　　者	王　旭
责任编辑	王敬一
出版发行	现代出版社
通讯地址	北京市安定门外安华里 504 号
邮政编码	100011
电　　话	010 - 64267325 64245264（传真）
网　　址	www. 1980xd. com
电子邮箱	xiandai@ cnpitc. com. cn
印　　刷	唐山富达印务有限公司
开　　本	710mm × 1000mm　1/16
印　　张	16
版　　次	2014 年 4 月第 1 版　2023 年 5 月第 3 次印刷
书　　号	ISBN 978-7-5143-2453-2
定　　价	76. 00 元（上下册）

目　录

第二章　培养十种能力的习惯

第三章　进取人生故事

第二章　培养十种能力的习惯

积极进取的人生需要上面提到的这十种能力，但是这十种能力的培养是需要经过长时间的耐心培养才能形成的，而这个过程往往不是一蹴而就，三天两日就能够完成的，因此，要培养这十种能力，就要求我们能够在日常生活中，形成良好习惯，循序渐进地前进。

一 明确的目标

每个人都需要有一个目标，有了目标才能成功，有了目标才能确立自己的人生地位，有了目标才能做一个更真实的自己，我们还需要注意一点，这个目标的确立，一定要根据自己的实际情况来确定，要能够发挥自己的长处。如果目标不切实际，与自己的自身条件相去甚远。那就不可能达到为一个不可能达到的目标而花费精力，同浪费生命没有什么两样。

树立一个明确的目标

一个明确的目标是成功的关键。没有明确的目标，行动起来也就有很大的盲目性，就有可能浪费时间和耽误前程。生活中有不少人，有些甚至是相当出色的人，就是由于确立的目标不明确、不具体而一事无成。目标明确了，我们就能更好地与人沟通。

　　一个人有了生活和奋斗的目标，也就产生了前进的动力。因而目标不仅是奋斗的方向，更是一种对自己的鞭策。有了目标，就有了热情、有了积极性、有了使命感和成就感。

　　一个人确定的目标越远大，他取得的成就就越宏伟。远大的目标总是与远大的理想紧密结合在一起的，那些改变了历史面貌的伟人们，无一不是确立了远大的目标，这样的目标激励着他们时刻都在为理想而奋斗，结果他们成了名垂千占的伟人。

　　拿破仑·希尔说："没有目标，不可能发生任何事情，也不可能采取任何步骤。如果个人没有目标，就只能在人生的路途上徘徊，永远到不了任何地方。"生命本身就是一连串的目标。没有目标的生命，就像没有船长的船，这船永远只会在海中漂泊，永不会到达彼岸。

　　海夫纳1926年4月9日出生在一个犹太人家里。他的父亲在美国的一家铝制品公司工作，而母亲只是一个家庭妇女，所以家里的收入不算多，一家人的生活也过得不太富裕，只能是清清贫贫。

　　转眼海夫纳中学已经毕业了，他也不想再读书了，当时正是第二次世界大战激烈之时，他说服了父母，带上自己的行李应征参军了。

　　海夫纳是幸运的，1945年大战结束后，完好无缺的海夫纳退役了。由于当时美国规定持有军方推荐的证件，军人可以优先进入大学。海夫纳拿着证明走进了大学。他在大学期间，美国一位姓金的博士发表了关于女性行为的文章，在社会上引起了轰动。海夫纳对金博士的文章也很感兴趣，从此他经常阅读关于女性方面的文章。而且海夫纳现在所做的一切，也为他以后的事业打下了很好的基础。

　　事实上，我们在许多书上都会感觉到，犹太人有一种普遍的特性，他们从青少年期间就开始树立自己的人生目标，在以后的日子里将会千方百计地为达到目标而奋斗。

　　1949年海夫纳大学毕业了，在芝加哥一家漫画公司找到了一份工作，每月才有135美元的工资，在当时，他的收入是很低的，所以他仍然住在父母的房子里，甚至结婚后的很长一段时间没有自己的房子。

因为在美国，男人一般成人后或参加工作后，都会搬离父母家，单独在外居住，可海夫纳收入不多交不起房租，所以只好住在父母家里，因此海夫纳遭到了很多人的嘲笑，可是海夫纳并没有感到悲伤。

对于在心里早就确立了奋斗目标的海夫纳来说，他并不是一个很守旧的人，他在漫画公司工作了一年多后，经过四处寻找，终于有一家叫《老爷》的杂志聘用他，每月的工资是 240 美元。其实对于海夫纳来说，他找这份工作的真正原因并非是为了多出的 100 多美元，他的目的是在这家公司学习经营手法和熟悉杂志市场。

1951 年的海夫纳已经对《老爷》杂志的运作了如指掌了，那时他要求加工资，但老板不答应。于是，海夫纳离开了这家杂志公司，开始了自己的创业。他也决定办一种和《老爷》差不多的杂志，要让《老爷》成为过去。可是海夫纳毫无资本来运作杂志社，所以，他的创业成为了梦想，让他搁置了起来。为了生活、为了创业，他又到了另一家杂志社工作，此时他的工资已经达到了 400 美元每月。

一段时间以后，海夫纳又开始了他的创业路程，这次，海夫纳从父亲那里借了几百美元，另外从银行又贷了 400 美元，加起来刚好 1000 美元，海夫纳决定了自己的目标，所以决定用这点钱作为本钱，办一本叫《每月女郎》的杂志。由于他在《老爷》杂志那儿得到了很多经验，所以他做起来很顺利，第一期就卖出了 5 万多册。

为什么会这么畅销呢？原来，海夫纳在创刊号时就搞了一个大手笔，他把仅有的 1000 美元中的 500 美元用来买了一个金发女郎的裸照。大家都知道美国是个自由社会，所以对性的强调达到了令人难以置信的地步，裸照也得到了认可。

而且，海夫纳的杂志是以裸照为主的一本画册，正好迎合了美国社会的潮流，所以他的第一本杂志畅销无比。比《老爷》有过之而无不及，因为他比《老爷》更加开放。

后来，因为《老爷》杂志的原因，海夫纳把《每月女郎》改成了《花花公子》，海夫纳的杂志非常受欢迎。十多年过去了，海夫纳的《花花公子》杂志达到了发行量的巅峰，每期的销量高达 650 万册，而此时的海夫纳也成为了世界有名的出版界富豪。

从上面的例子，我们可以得到这样一个启示，世界上的所有成功者都有一个共同的特点，那就是他们都拥有人生的明确目标规划。为了完成他们的目标，他们反复思考，努力实践，他们在积极地向自己的目标前进时，赢得了精彩的人生。

人只要活着，就应该不断地挑战新的目标，如果你没有这种勇气，那么你的人生就会失去意义。

有目标才能让你更自信

一个人如何看待自己是与自身的信心强弱有关的，自信心强的人能较好地看到自己的潜力，而自卑的人则会对自己有所贬低。我个人就有过这样的感觉，当我感觉我某天、某时心情不好的时候，那么，我那一天是不会快乐的，但是，当我换另一种心态来证实我是快乐时，那么我的心情就会非常的好了。是啊，很多时候如果觉得自己是个乐观向上的人，就会表现得很开朗；如果认为自己是个内向而迟钝的人，那很可能就会变得很木讷。这些现象告诉我们的是，只要我们充分地相信自己，那么一切都可以改变。

那么，如何使人有自信呢？给自己制定一个目标，这个目标需要贴近自己，是自己力所能及的，当这个目标实现时，你就有了自信，因为你会这样想到：我有什么做不到呢？

社会职业千差万别，人与人也各不相同，不要这山望着那山高。只要你找到自己喜欢的工作，做好自己该做的事，你就找到了自己的成功和幸福。

一个人想要过一个理想完满的人生，就必须先拟定一个清晰、明确的人生目标。要特别重视正确把握自己的目标和限定达到目标的日期。

像这样设定明确的目标是非常重要的。如果能正确地把握自己的目标，并限定达到的期限，就能产生把自己的力量发挥到极致的意愿，为实现目标而全力以赴。

一个人确定的目标要专一，而不能经常变换不定。如果今天确立了这个目标，明天又去确立那个目标，那么会让自己更加的消极。他们经常变换目标，是因为他们心里没有完成这个目标的决心，总是认为自己不能完成，自信心也会逐渐消磨掉的。

成豪是一个国有企业的管理者，事业极为成功，因为他所提出来的建议都是根据企业的发展而提出的。每次会议他都会提出一个相同的问题："什么样的建议对我们的顾客最有利？什么样的建议对我们的企业最有利？"

由于多年从事管理事业，成豪积累了一定的资金，在成豪50多岁时，他决定将老家迁到六盘水去。因为他知道六盘水的养殖业非常少，他想在那儿再干一番事业，再做一名出色的管理者。成豪的兴趣很高，开一家小的还不满意，居然开了一家占地千亩的养殖基地。他把自己的退休金，多年的存款全都拿了出来，把所有的一切都放在了养殖基地上，可是，这次成豪并没有成功，一年之后基地支持不下去了，成豪失败了。

后来成豪对他的失败这样说："我的失败并不是这个行业所造成的，而是因为我设立的目标不正确。在目标设立之后，我发现我对这个行业根本不了解，自己并不喜欢在这个行业有所发展。时间一长，我对这个目标失去了信心，也没有了自信。"

其实，生活当中，你才是自己命运的主宰，是你生活的推动力。面对挫折和不幸时，相信你自己，相信你不比别人差，这样你才能更好地面对和解决这些挫折。当一个目标被确立后，你只能想象着如何去实现这个目标。

美国布鲁金斯学会有一位名叫乔治·赫伯特的推销员在 2001 年 5 月 20 日这天，成功地把一把斧子推销给了美国总统小布什。这是继该学会的一名学员在 1975 年成功地把一台微型录音机卖给尼克松后在销售史上所刻下的又一宏伟篇章。

乔治·赫伯特推销成功后，他所在的布鲁金斯学会就把刻有"最伟大推销员"的一只金靴子赠予了他。

在这个项目设立之后，许多学员都认为这是不可能做到的，有的学员认为把一把斧子卖给小布什简直是太困难了，因为现在的布什总统什么都不缺，即使缺少，也不用着你去推销，更不用说他亲自去购买，他完全可以让其他人去购买，而且卖斧子的商家众多，布什不一定会买你的。

但是，乔治·赫伯特却没有产生如此消极的想法，他认为不管结果如何，只要自己去做了，即使没有结果也没关系，做总比没做好。在他看来，把一把斧子推销给小布什总统是完全有可能的，因为布什总统在得克萨斯州有一个农场，里面长着许多树。于是乔治·赫伯特就给布什总统写了一封信说："有一次，我有幸参观您的农场，发现里面长着许多矢菊树，有些已经死掉，木质已变得松软。我想，您一定需要一把小斧头，但是从您现在的体质来看，这种小斧头显然太轻，因此您需要一把不甚锋利的老斧头。现在我这儿正好有一把这样的斧头，它是我祖父留给我的，很适合砍伐枯树。假若您有兴趣的话，请按这封信所留的信箱，给予回复……"

在乔治·赫伯特把这封信寄出去不久，布什总统就给他汇来了 15 美元。

从乔治·赫伯特把斧子卖给布什总统这件事来看，自信对每个人都非常重要。无论我们面临的是学习还是工作的压力，无论我们身处顺境还是逆境，只要我们有自信，就可以用它神奇的放大效应为我们的表现加分。因此，只要我们有信心，在别人看来不可能的事也会有成功的可能，在我们的字典里就不会存在着"不可能"这三个字。

所以我们应该对自己自信一点，认为自己不比别人差，始终相信自己。这样你的生活才会更加快乐、美满。

当一个清晰的目标呈现在你眼前时，你会感觉到很容易实现这个目标，这时你的自信也会随之而来。所以一个目标的制定会令你的自信更强。

有目标才能做真实的自己

每个人都需要有一个目标，有了目标才能成功，有了目标才能确立自己的人生地位，有了目标才能做一个更真实的自己。我们还需要注意一点，这个目标的确立，一定要根据自己的实际情况来确定，要能够发挥自己的长处。如果目标不切实际，与自己的自身条件相去甚远，那就不可能达到。为一个不可能达到的目标而花费精力，同浪费生命没有什么两样。

在实现理想的道路上，不管存在怎样的艰难险阻，我们最终都能达到目标，完成自身的人生使命。只要我们的想象——理想是合理的，结果就会成为我们所希望的那样，成为我们本来应该的那样。只要我们牢记理想，坚忍不拔，我们就会成为实现自己理想的人，成为一个尽善尽美的人。

高峰出生在一个医生世家，他在上学期间，对医学研究专心致志，并且积极从事实践活动。

高峰曾经回忆道："小时候父亲对我的表现很满意，经常对我说，'看，我们又多了一名优秀的医生。'"

"我上高中以后就对这项职业失去了兴趣，下定决心想成为一名军人。临行前，父亲心痛地问：'你为什么要放弃现有的成就去选择一个新的行业从零开始呢？'"

高峰说："前程我不感兴趣，我需要的是做自己想做的事。"

父亲又问他："那你去做军人能学到什么？"

高峰说："我不知道将来会是什么样子，我只清楚现在该怎么去做。"

高峰毕业后进入了某军事学院。他刻苦地学习和军训，几年后被升为连长，过后的几年又升职为团长，可他的生活却无法保障，因为他把自己的工资，都捐给了贫困山区的学生，所以他只能是节衣缩食，经济十分紧张。

有一次，高峰为了一个白血病的患者，把自己的存款全都捐了出去，并欠了一部分外债，在那3年中高峰几乎是靠家里的支援挺过来的。父亲劝他赶紧回头，继续从医，但高峰不愿意就这样放弃他的追求，他的理想。

也正因为如此，10多年后的高峰成了声名显赫的团长，一个让部下所爱戴的团长。也因为高峰的坚强，他最终依靠渊博的知识和顽强的意志，一步步走向了成功。

宇晨刚大学毕业的时候，没有一个明确的目标，他不知道自己适合做什么，在家人的帮助下，他成了一名银行的普通职员。可是，在银行里，宇晨并不快乐，他发现自己总是心不在焉，而且始终把工作看作是一种生活的负担，就这样，他一做就是3年。

当他一个人的时候，他会跑到湖边，吹着风，远看湖水的平静。那个时候，他很多次问自己是否真的适合现在的工作。一段时间后，宇晨发现自己真的不喜欢这个工作，虽然薪水不低，但他早年的理想是做一名为人民服务的警务人员。因为，那样的工作能为他人提醺助，得到他人的赞扬，享受许多别人无法想象的乐趣。

经过一番考虑，宇晨毅然放弃了银行的工作选择当兵。由于他是大学学历，并且岁数不大，3 年后，他退役回到家乡，并且达成心愿成为一名人民警察。此后他在工作上全心全意地为人民排忧解难，他的才华和潜力也得以充分发挥，工作相当出色。10 年之后，他成功地当选为公安局长，他为民办事的理想天地获得进一步拓展，他个人也获得更大的荣誉和发展。

美国伟大的哲学家爱默生曾说过："每个从事自己无限热爱的工作的人，都可以获得成功"。是啊，在这个强调自我和个性的时代，每个人都渴望充分发挥自己的个性特点，最大限度地开发自身的潜能，成为符合社会需求的人。只要你选择与自己志趣相投的职业，你就不会陷于失败的境地。特别是年轻人，一旦选择了真正感兴趣的职业，将总是精力充沛，全力以赴地去工作。一份自己想做的工作会让你如鱼得水，充分发挥你的潜能，迅速成长起来。

我们都要对自己的人生进行规划，按照自己的特长来制订自己的发展目标，也就是我们常常说的要量力而行。如果我们能够根据自身所处的环境、条件，以及自己的才能、素质、兴趣等制订了目标，我们就不要埋怨环境与条件对我们的不利，我们要想尽一切办法寻找有利条件，我们不要坐等机会，而要创造机会。如果我们能够做到这点，我们就会开辟新的成功之路。

无论如何，你都要遵守自己的原则，做一个真实的自己，让自己的目标更加贴近自己，只有如此，才能更好地体现自己的人生价值。所以说，我们要想成功就要设定目标，没有目标是不会成功的，没有目标生活就会一团糟，那么，如何确定自己的生活目标呢？为了确定我们的生活目标，拿破仑·希尔建议：闭上眼睛一分钟，想象一下从现在开始，10 年后你的生活是什么样子，要对自己有信心。确定一个能满足你生活中需要和渴望的真正目标是很重要的。

再高的山峰也需要从山脚开始，所以想要达到最高处，必须从最低处开始。设定目标也一样要适可而止，不要追求那些不可能达到的目标，因为希望越大失望就越大。

有目标才能积极进取

每个人都应该有自己的目标，正如这样一句话："目标是人生的指南针，指引着人们前进的脚步。"

然而，在许多人的身上却看不到他所追求的目标，这些人总是生活在混沌和盲目之中，纵使耗尽精力，也跟成功无缘。

没有目标的人生就犹如一艘没有方向的油轮，在燃尽油料之后最终也无法抵达彼岸。由此，渴望成功的人应当养成确立目标的习惯，调整自己的步伐，向成功冲刺。

拿破仑·希尔在《思考与致富》一书中写道："一个人做什么事情都要有一个明确的目标，有了明确的目标便会有奋斗的方向。"这样一个常识性的问题看起来简单，其实具体到某一个人头上，并非就是那么容易。

目标，也就是既定的目的地，我们理念中的终点。

对于组织，目标是告诉人们做什么事，做到什么程度。其结果是：用不着持续的教育和指导，就能完成此事。这颇像建筑物的设计图样和说明，能清楚地告诉建筑工人，做了多少事，还有多少事没有完成。

聪明的人，有理想、有追求、有上进心的人，一定都有一个明确的奋斗目标，他懂得自己活着是为了什么。因而他所有的努力，从整体上来说都能围绕一个比较长远的目标进行，他知道自己怎样做是正确的、有用的，否则就是做了无用功，或者浪费了时间和生命。

愚蠢的人，没有什么理想、追求；没有上进心的人，一生便没有什么目标。他同别人一样活着，但他从来没有想过活着有什么意义。

这种人往往凭惯性盲目地活着，从来不追究人生的目的，这种让人头疼的事情，他们只是为活着而活着，怎么都可以，对什么都无所谓。

显然，成功者总是那些有目标的人，鲜花和荣誉从来不会降临到那些没有目标的人头上。

许多人怀着羡慕、嫉妒的心情看待那些取得成功的人，总认为他们取得成功的原因是有外力相助，于是感叹自己的运气不好。孰不知，成功者取得成功的原因之一，就是由于确立了明确的目标。

费罗伦丝·查德威克是第一个游过英吉利海峡的女人。她曾经对那次游泳作出这样的解释："我深深地记得，那是 1952 年 7 月 4 日清晨，当天加利福尼亚海岸笼罩在一片浓雾之中。那一年，我 34 岁，那天，我如果游过去，那么我将是第一个游过这个海峡的妇女，可惜的是那一次我失败了。

"那天早晨，海水冻得我的身体发麻，雾很大，我几乎看不见护送我的船。时间一小时一小时地过去，我一直不停地游。15 个小时后，我又累又冷。我知道自己不能再游了，就叫人拉我上船。我的母亲和教练在另一条船上，他们都告诉我离海岸很近了，叫我不要放弃。但我朝加州海岸望去，除了茫茫大雾，什么也看不到。又过了几十分钟，我叫道：我实在游不动了。当他们把我拉上船来，几个小时后，我渐渐暖和多了，这时却开始感到失败的打击，我不假思索地说：说实在的，我不是为自己找借口，如果当时我能看见陆地，也许我能坚持下来。

"其实，那个时候，我离加州海岸只有半英里！但令我半途而废的不是疲劳，也不是寒冷，而是因为我在浓雾中看不到目标。就是因为我没有看到目标，所以我失败了，这也是我一生中唯一没有坚持到底的事。

"不过，在两个月后，我成功地游过了同一个海峡，同时我还是第一个游过卡塔林纳海峡的女性，而且比男子的纪录还快两个小时。"

查德威克虽然是一个游泳好手，但她也需要有清楚的目标，才能激发持久的动力，才能坚持到底。

由此，我们可以看出，任何一个人都需要拥有一个目标，只有在目标的指引下，我们才能走向成功。有了目标，我们就能有更大的干劲，有更加持久的力量。

所以，拥有目标的好处在于，我们只有知道自己的目标在哪儿，才能走上正确的轨道，奔向正确的方向。并拥有强大的动力，有了目标，即使在做一件最微不足道的事情，也都会有其意义。在工作中，往往有员工没有目标，而使工作变得乏味，使生活也变得不再有意义。而有目标的人在工作中总是能够创造价值最大化，获得更长远的发展。

我们再来看看下面这个例子，著名的哈佛大学商学院对于个人的人生目标，做了个实验，这是他们对一群青年人的人生目标的跟踪调查结果。

3%的人有十分清晰的长远目标，25年后发现这些人成为了社会各界的精英、行业领袖；

10%的人有清晰但比较短期的目标，25年后是各专业各领域、事业有成的中产阶级；

60%的人只有模糊的目标，因此胸无大志、事业平平；

27%的人毫无目标，则是生活于底层，入不敷出。

由此可以看出目标对于我们来说是多么的重要。所以，要实现理想，就要制订并且达成一连串的目标。每个重大目标的实现都是一个个小目标、小步骤实现的结果。一个人如果一直都集中精力于当前的工作，明白自己现在的种种努力都是为实现将来的目标铺路，那么他一定能成功。

每个人都渴望成功，然而成功需要定义一个"成功"的界面，这个界面就是人生目标，当你有了一个明确的目标时，才能更快地向前方进发。因为目标是所有行动的出发点。

二 积极的态度

任何一个人，想要在集体中打出一片天地，都应该养成积极主动的习惯。当然，在养成积极主动的习惯时，你还要认识到积极主动的习惯会给你带来什么，积极主动的习惯需要怎样才能培养出来。

积极主动才能有所收获

李思静刚大学毕业就到了一家大公司。在公司里，李思静每天都是第一个到公司的员工，也是最晚下班的员工。早上他会把大家桌上的灰尘都擦干净，晚上他又把公司所有的电源都关闭才走。他常常会帮其他同事做一些工作，因为他的工作总是很快地完成，而且非常出色。就这样过去了半年多，李思静也从一名普通的员工坐上了总经理助理的位子。

为什么李思静能很快受到经理的提升呢？其实原因很简单，李思静清楚地知道，工作需要主动、需要行动，所以，他愿意做那些不属于他工作范围内的事，并且认真、仔细地做好。

在身边有许多人，他们每天都是在固定的时间内上班、下班、领薪水，等着老板交待任务，从来不会主动地工作。当领到的薪水满意时他们高兴，当领到的薪水不能满足时，他们会在一边抱怨。在高兴与抱怨过后，他们仍然不去改变自己的工作模式，照样是固定的时间内上班、下班……他们的工作很可能是死气沉沉没有生气的。这样的人只不过是在"过工作"或"混工作"而已！

现实生活中，那些卓有成效和积极主动的人，总是在工作中付出双倍甚至更多的智慧、热情、责任、信仰、想象和创造力，这就是他们获取成功的法则。而那些失败者，他们把成功者的法则深深地埋藏起来，所以，他们有的只是逃避、指责和抱怨。

其实每一个老板都非常清楚，那些每天早出晚归的人不一定是认真工作的人，那些每天忙忙碌碌的人不一定是优秀的完成了工作的人，那些每天按时上班、下班的人也不一定是尽职尽责的人。只有那些主动工作的人，在老板的眼中才算是一个认真工作、优秀的完成工作、尽职尽责的员工。

很多年前，有一位修士，他非常虔诚地信奉上帝。他认为只要信奉上帝，一切都会得到改变。

一天，修士在街道上走着，心里为晚餐而祷告，他相信上帝会为他送来一顿丰富的晚餐。修士运气很好，他路过的那条街道正好有一家人在办喜事，于是主人把修士请进了家里，并为他准备了一桌很丰富的晚餐。为此，修士更加相信上帝了。

饭后，修士走了，在路上遇到了几只野狗，他一点都不害怕，他认为上帝一直都在保护着他，不幸的是，他让这几只野狗咬伤了，为此，他在心里想，上帝一定去吃饭或者做其他更加重要的事情去了。

又走了一段路，天已经暗了下来，修士没有找个地方休息，而是继续赶路。这次修士更不幸，他从山坡上滑了下来，可是修士忍着痛一声不吭，他相信上帝不会丢弃他的孩子，一定会救他，奇迹出现了，滑到一半的时候，一棵树挡住了他，可是修士没有好好地抓住，又继续往山下滑，眼看修士就要滑到悬崖边了，又有一棵树挡住了他，这次修士仍然没有好好地抱住大树，他在心里想上帝会救他的，于是任由自己往下滑落。最后，修士滑下悬崖摔死了。

死后，修士的灵魂飞上天堂，他对着上帝大声质问："我是如此虔诚地信任你，你为何看着自己的孩子摔死而不救？"

上帝非常奇怪，于是说道："我对任何一个孩子都是公平的，对你也一样，当你滑到一半时，我用一棵小树挡住了你，可是你没有抓住；快到悬崖时，我又用一棵大树挡住了你，你依然没有抱住；最后，我没有办法再用什么挡住你往悬崖下掉落了。因为我找不到任何东西来挡住你。但是，我很奇怪，为什么我给你两次机会你都不把握住呢？"

"因为我相信您会把我直接送上山的，就像下午送我晚餐一样。"修士理直气壮地回答。

"哦，我的孩子，我想你错了，我根本就没有送你晚餐。你要相信，世上没有不劳而获的事。虽然我可以帮你，但是也需要你主动的去争取，就像你的晚餐一样，需要你主动地走到饭桌前去吃啊！"

我们都清楚，天下没有免费的午餐，也没有不劳而获的事，有了目标，就要立即行动。修士滑倒后，就应该努力的让自己稳住，靠自己的努力爬到山上，可是他没有珍惜两次机会，使自己白白失去了生命。

成功者们永远都只看前方，不会仰望天空坐等机会掉到手里。只有失败者才会等待天空掉下面包来。小学时我们学习的寓言"守株待兔"给我们讲的也是这个道理，没有不劳而获的获取，只有主动去争取才能有所获取。

世间所有的事都是公平的，主动的人都会得到主动所带来的收获。学会主动去工作，你就会发现你所有的工作都那么简单，如今的境况和以前的境况是那么不同，这就是主动工作收获的结果。

只有积极行动才能证明自己

著名投资专家约翰·坦普尔顿通过大量的观察研究得出一条结论：取得突出成就的人与取得中等成就的人几乎做了同样多的工作，他们所做的努力差别很小——只是多一盎司。就因为这一点点让工作大不一样。所以，工作中，你能比别人多做一点点，多主动一点点，就会获得不一样的成绩，获得不一样的回报。

一位企业家对自己的员工说过："取得一些工作成绩是一个结果，实现这个结果需要一个过程，它需要人们付出，需要人们主动去做一些相关的工作，如果不主动，怎么能脱颖而出呢？"

是啊，只有一个把自己的本职工作当成一项事业来做的人，才可能有这种宗教般的热情，而这种热情正是驱使一个人去获得成就的最重要的因素。大家对于工作的态度可能局限在怎么样把自己的本职工作做完，但是并没有想过要多干一点点，可是，就是这一点点，让老板对你刮目相看。

这样的现象在职场中比比皆是，很多事情只要能率先主动一点，体现的就是不一样的个人能力和人品。

也许从小到大，许多人都有着很多理想，这些理想也非常地可行，但是慢慢地你发现这些理想都枯萎了、凋谢了。你或许感到惋惜，感到悲哀。但当你仔细分析原因的时候，会很吃惊地发现，那些理想之所以没有实现，并非没有能力去将它实现，而是一直没有付出过行动，那些理想是被自己扼杀的。

有一个作家对创作抱着极大的野心，期望自己成为大文豪、大作家，但是他的美梦却久久没有实现。他说："因为心存恐惧，我是眼看一天过去了，一星期过去了，一年也过去了，但仍然不敢轻易下笔。"

而另一位功成名就的作家却说："我很注意如何使我的创作有技巧、有效率地发挥。在没有一点灵感时，也要坐在书桌前奋笔疾书，像机器一样不停地动笔。不管写出的句子如何杂乱无章，只要手在动就好了，因为手到能带动心到，会慢慢地将文思引出来。"

行动就是力量，它可以把智慧调动出来，所以只要不再等待、拖延，你会发现其实成功并不是那么遥远。

在一本书上有这样一段话：有机会展现自己的能力是好事，既然有能力，就需要用事实来证明能力的存在。如果一个销售员想要证明自己有能力，就应该每天比别人多访问几个客户，工作成绩提高，能力才得以表现。

人们之所以不肯行动，一般是因为心中的恐惧，不相信自己能做好，不相信能成功。当然，付出行动不一定能够成功，但若不付出行动，就肯定不能成功。因为，无数事实都在证明，只要行动，总会有所收获。

在美国的一个家庭里，有这样两姐妹，她们的父亲是一个不得志的画家，但很有才华。只是生活的窘迫让他不得不赚钱来维持一家人的开销，于是很少有时间作画，只是找一些画来收藏。两个小姐妹整天跟着父亲，对画也有了一些鉴赏的能力。

一天，有同学来找她们，想借画用用。两个姐妹便拿出自己收藏的画给她看，并同意把自己的先借给她用。

那天晚上，姐姐推醒了正在熟睡的妹妹："我想到了一个好办法，我想也许我们应该开一个租赁公司，把我们自己所收藏的画租出去，然后收取租金，这样我们就可以赚到钱了。"

"的确是个好主意。"妹妹表示同意。

第二天，她们找到了父亲，把想法告诉了他。但父亲不同意，他认为那些名贵的画可能会在出租的过程中受到损坏，或者她们根本就收不回租金，更有甚者还可能引发法律诉讼和保险问题。

但是两个女儿的态度很坚决，她们说服父亲把没有用的仓库借给她们，然后又从父亲所收藏的那些画中挑出一千多幅优秀的作品，将它们装在相框中摆好，然后便开始寻找客源。她们每天都在不停地跑商店、娱乐场所、旅馆、公司等所有能想到的地方，她们还通过同学、老师、朋友等各个渠道来进行宣传。开始是艰难的，因为人们不相信她们，但慢慢地，生意越来越好，大约有五百多幅画经常地被出租给商业公司或私人家庭。有些人甚至还慕名前来。后来，她们成立了自己的公司，专门从事图画租赁业务。结果不出两年，便赚取了大量的金钱，生活也大大地改善。她们不但给父母买了一幢新房子，还送给他们一辆车，这样两位老人便可以随时去他们想去的地方了。

事情就是这个样子，只要付出行动，就离成功不远了。两姐妹若当初只是做梦而不去付诸行动的话，恐怕还是摆脱不了贫困的生活，这就是行动的力量。

所以，如果想成功，如果不想再让自己在悔恨中度过，那么就请行动起来。无论想做什么，都不要把它推到明天去做，否则，它便会在时光的消磨中慢慢地死去。

无论做什么事，都要有一种积极主动的意识。成功完全是自己的事情，没有人能促使一个人成功，也没有人能阻碍一个人达成目标。所以，只有用行动证明，才能达到目的地。

培养积极的心态

从懂事的那天起，人们的生活就出现了喜怒哀乐，但是有的人，他的一生都生活在喜和乐当中，有的人却一生都生活在怒和哀当中，这是为什么呢？其实困难和挫折不可避免，关键是我们的态度。正如两人同时向外望，一个人见到的是烂泥潭，一个人却看见满天的星光。

查理出身贫寒，高中毕业后就离开了家，一个人跑到纽约闯荡。在这儿，他结实了许多"边缘人物"，偷渡者、走私犯、盗贼等。他学会了赌博，经常输个精光，而且还因走私麻醉药品被判了刑。

开始的时候，他在狱中很不安分，经常威胁说要越狱。但后来一个偶然的机会让他转变了态度，他变得乐观起来，而狱中的生活也向着更有利于他的方向转变。

他不再好斗，不再处处与狱官为敌。他的行为由于态度的转变而有所不同，因而博得了狱官的好感。

后来，一家公司的经理因被控犯了逃税罪而入了狱。查理对他一直很好。而这位经理也十分感激查理对他的帮助。在出狱时，他对查理说："你对我十分亲切，出狱后请来公司找我，我将给你安排一份工作。"

查理获释后，就来到了这位经理的公司。这位经理如约给查理安排了工作，并在去世时把整个公司交给了他，查理成为了这家公司的董事长。

从这里可以看出乐观心态的重要性，哪怕处于一个不利的环境中，它也可以让我们以更加积极的态度去对待生活，让生活充满阳光。所以，当一个人具有积极的心态时，无论遇到多大的困难，都会有勇气去克服。这些逆境不但不会阻碍他，还会激发出他体内的斗志，让他变得越来越强大。

在一所学校里，有一个叫汤米的男孩性格开朗而又乐观，而且尤其爱好运动，是校足球队的主力。但是，不幸却悄然降临到他的头上。他的腿上长了一个恶性肿瘤。他不能再走路了，更为糟糕的是，医生告诉他必须把这条腿锯掉，以防止癌细胞的扩散。老师和同学们知道这件事后，都到医院看望他，安慰他。但没想到的是汤米比谁都乐观，他对前来看望他的同学们说："出院后，我就可以将袜子用图钉钉在腿上，而你们却办不到。"

手术后，他出院了，他再也不能像以前那样在赛场上驰骋了。但他实在舍不得离开球场，于是便找到了教练，问他是否可以让自己当球队的管理员。在练球的几星期中，他每天都会准时到球场，而且是风雨无阻，替队员们做些工作。他的乐观和坚强深深地鼓舞了大家，于是大家在球场上也就踢得更加的卖力。

一天，他没有到场，教练和其他的同学都非常着急。后来才知道原来他又去医院检查了。当他回来后，脸色越发苍白，但他仍然带着微笑，每天都准时来到球场。后来，大家才知道，他的生命只剩下6

周的时间了。他的父母一直都瞒着他，因为他们希望在这最后的时刻，他们的儿子可以活得快快乐乐、无忧无虑。所以，汤米又回到了球场上，继续为大家服务，为队员们加油鼓劲。因为他的鼓励，他们的球队在整个赛季中保持了全胜的纪录。为了庆祝胜利，他们举行了一场联欢，但是汤米却由于身体状况没能参加。

几周后，他又回到了队员们中间，脸上仍然带着阳光般的微笑。但是，这次脸色却越发苍白，几乎没有血色。教练和队员们都问他为什么没有来参加晚会，因为那是为他专门举办的，而他却说自己遇到很重要的事情，实在脱不开身。之后，大家又谈论到下个季度的赛事，然后大家互相道别。

汤米走到门口，忽又停下，用一种恋恋不舍的目光望着大家，然后说了一句："各位多保重，再见！"

"你的意思是说我们明天见，对不对？"教练问。

汤米的眼睛里闪着光，然后又露出阳光般的笑容："是的，明天见。不用替我担心，我没事。"说完之后，便离开了。

两天后，汤米离开了人世。

原来他早已知道自己的期限，但是他却一直微笑着面对生活。

具有积极心态的人有着强烈的自信心，他们会在所发生的一切中寻找最有利于自己的结果，他们不断地将劣势转化为优势。哪怕周围是一片黑暗，他们也可以让自己在其中寻找到希望和快乐。

或许你会说汤米的积极的心态似乎没有激发出什么潜能，没能帮上他什么忙。其实不然，因为凭着信仰的力量，他在最坏的环境里却依然让自己活得那么乐观。他没有办法去延长自己的生命，但是却可以让自己在有限的生命里活得更加洒脱，更加有意义。他没有自暴自弃，也没有怨天尤人，更没有让自己生活在绝望无助里，他甚至还在用自己那微薄的力量为大家带来了温暖和快乐。他把勇气、乐观和希望留在每一个认识他的人的心里。尽管他的生命结束了，他却永远活在别人的记忆中，你能说他的一生失败了吗？

培养积极的心态，不仅需要勤奋、努力，还需要一种全力以赴的精神，当你全力以赴把工作做到最好时，就会发现自己一直都是快乐的。

三 勤奋地学习

每个人都应该有活到老学到老的精神，只有每天不断的学习，才能让自己跟上时代的步伐。学习，是一个持之以恒过程。可能我们有过这样的感受，一些人一毕业就是硕士、博士，但到头来却给一个学历并不高的人打工。原因何在？现在比的不是学历，而是学习的能力。

从小学到老

众所周知，现在知识的更新速度是惊人的，知识很快就会过时。如果你的头脑中只装着那些原有的知识，那么就算你当初吸收得再多，最后还是会落后于别人。所以，现在谁能够坚持，谁能够不断努力，那么谁才是最后的赢家。可能当初人家起点并不高，但是却一刻不停地在前进；你可能当初遥遥领先，但后来懈怠下来，最后还是被人家赶上并超过，就像龟兔赛跑，兔子虽然跑得快，但最后还是没有赢过乌龟。

在当今社会，知识更新的速度越来越快，今天的知识，就成了明日黄花。所以，为了跟上时代的步伐，就必须坚持终身学习。我们只有做到"活到老，学到老"，才能够在激烈的竞争中占有一席之地。

可以看看那些著名的学者、成功者，他们都是一些"活到老，学到老"的求知者，他们把自己毕生的时间和精力都用在学习上。学习，就是对自我的一种提升，就是自我的一种进步。就像我们活着就要走路一样，学习也是这样一个不间断的过程。哈佛大学前任校长说过："养成每日用 10 分钟来阅读有益书籍的习惯，20 年后，思想将会有很大的改进。所谓有益的书籍，是指世人所公认的名著，不管是小说、诗歌、历史、传记或其他种种。"如果我们每天多抽出 10 分钟，那么日积月累，这个数字也是惊人的，而我们也会从中学到很多的知识。

也许多数人都知道"江郎才尽"这个成语，这个成语是如何来的呢？让我们来看看这个故事吧：

有一个叫江淹的人，早年家贫，为了摆脱贫困的环境，所以学习特别刻苦，夜夜攻读到深夜。不仅如此，他还非常善于向古人学习。由于他的这种勤奋和好学不倦，所以他早年便取得了辉煌的成绩，被封为醴陵侯，诗文也久负盛名。但是江淹有五短，其中有"体本疲缓，卧不肯起""性甚畏动，事绝不行"的恶习。随着官职越来越大，他便放松了对自我的要求，每天不再勤学苦读，以为自己已经苦了太久，该及时行乐了，于是由嬉而随，耽于安乐，学问早就被他忘到九霄云外去了，文才也就一落千丈，"才尽"自然也就不足为怪了。

其实，这个成语告诉我们的道理就是让我们活到老，学到老。当然，在现在这个社会，知识所代表的已不仅仅是一种财富，它还包含着更多的内容。这个世界变化太快，你能适应，就能在激烈的竞争中占有一席之地。这就需要你不断地提升自己，不断地充实自己的头脑以跟上时代的潮流。你的学习能力弱，那么就会成为这个游戏规则的牺牲品。所以，学习已是无时不在，无处不有，已经超过了时间的限制，成为我们一生所要做的事。

当然，学习的最好时段还是青少年时期，这时我们的精力、记忆力都是最好的，对知识可以很快消化、吸收。随着年龄的增长，我们的记忆力便会逐渐下降，学起东西来也会感到力不从心，所以，有些人总会发这样的感慨：当初能够好好学习就好了，现在想学都晚了。

其实，只要你能觉悟，就永远都不嫌晚。也许，大多数人会认为，作为老年人，已经退出了激烈的社会竞争，他们似乎已经可以停下来，安享晚年，不用再学习了。但事实并非如此。虽然人到老年，记忆力会下降，但这时他的逻辑能力却会增强，所以，在某些方面，老年时代学习也会有一定的优势，所以，不要将年龄视为一个障碍，真正阻碍我们的，是"心障"。只要你能突破心中的障碍，你就会发现学习永远都不会太晚。

另外，学习并不仅仅是书本上的知识。人们生活的社会也是一本书，而且是一本多姿多彩的大书，需要我们用一生的时间来研读。所以只要你生存在这个世上，你就需要不断的学习。

柳公权的书法尽人皆知，他的书法刚劲有力，和颜真卿的书法并称为"颜筋柳骨"。他还是孩子的时候，有过一次深刻的教训。从那以后，便开始发奋学习。一直到老，他还对自己的字很不满意。晚年隐居在华原城南的鹳鹊谷，专门研习书法，一直到他80多岁去世为止。

正如一位著名学者所说："学习无时不在，无处不有。没有任何人可以摆脱，没有任何人可以例外。"难道不是这样吗？比如一个上了年纪的老人，他眼神也许不好，看书不是很方便，但是。他还会有其他的爱好。别的老人都喜欢钓鱼，整日悠哉游哉，你见了很是羡慕，于是便也拿了钓竿和他们坐在一起，这不也是一种学习吗？别人在下棋，你虽不懂，但也凑过去看热闹，久而久之，你也看出了一点门道，不再是一个门外汉，这也意味着你又掌握了一门新的知识。所以，学习不是一时，而是我们一辈子都应该做的事。

知识每天都在更新，如果不努力学习、不坚持学习，你就成了明日黄花。所以，必须坚持每天学习，只有做到"活到老，学到老"，才能为自己争得获取成功的机会。

多元化学习

学习应该有一个态度，那么用什么样的态度去对待学习呢？"海纳百川"，是我们每个人都应具备的学习态度。大海，宽广，而且永远都是那么的波澜不惊。海之所以为海，就是因为它从不拒细流。所以，才有了波浪滔天。

有这样一个词：多元化学习。这个词正是希望人们在学习上吸收多方面的知识。不是有这样一句古话"技多不压身"吗？也同样告诉大家，学习是多元化的，并不是单一的。

有这样一个笑话：一天，老鼠妈妈带着小老鼠出去散步。谁知不巧，偏偏被一只猫撞到了。猫此时正饿得饥肠辘辘，见有美食，岂肯放过，于是一下就扑了过来。老鼠妈妈见此，立刻带着小老鼠飞奔起来。但小老鼠太小，跑不快，被远远落在后面，眼看就要成为猫的美食了。这时，只听前面忽然传来一声恶狠狠的狗叫声。猫顿时吓得停住了脚步，四处张望，此时，犬吠声又传来，而且比刚才还要响亮。猫一听大事不好，丢下小老鼠自己逃命去了。小老鼠吓得不知所措，半天站在那里一动不动。就在这时，只见老鼠妈妈大摇大摆地从旁边的垃圾桶里钻了出来，对着它说："孩子，这下看见了吧。多学一门语言对我们来说有多重要啊！"

一个人的知识总是有限的，只有众人集合在一起，力量才是无穷的。尤其是现在的科学高度发达，各学科的知识深度不断增加，几乎没有一个人可以完全掌握自己所需要的知识，这时就更需要我们之间进行交流。

所以，对于有益的知识，我们应该像大海那样，用宽广的胸怀来接纳。用知识来丰富我们的头脑，让智慧来为我们指引道路，我们将会一步步走向辉煌。

孔子说："三人行，必有我师焉。"意思是说，三个人同行，其中必定有我可以学习的，我要选取他们的优点学习。身边那些有成就的人，必定都是一些善于学习的人。

有一位学者说过："其实，就人一生需要获得的各种知识来说，学校的教育是很必要的，但同时又是很有限的。"是啊，在校学到的知识毕竟有限，大部分的知识仍然需要我们在生活中不断的学习，只有这样，才能不断提高自己，取得更好更大的成绩。

当然，我们对知识的吸收是越多越好，但这并不意味着我们失去了对知识的选择。因为，知识也分善恶，有的对我们有益，有的对我们有害，对此，我们一定要区别对待。有害的知识给我们所造成的损失是巨大的，对这一点，我们一定要加以提防。思想对一个人所造成的腐蚀是比任何毒品都更厉害的，尤其是对于小孩子。孩子单纯，就像一张白纸，如果遭到不良思想的侵蚀，其危害也就更大。虽然成年人有了一定的判断能力，但这也不意味着从此就可以百毒不侵。我们身边有不少这样的人，因为受到不良思想的蛊惑而失足。

中东地区有两个海，一个叫伽里里海，一个叫死海。两个海的源头同为约旦河，但是景象却完全不同。伽里里海的海水在阳光下跳跃，鱼儿在水里自由地嬉戏，人类在周围建造着房屋，而鸟类也在枝头搭建着自己的巢。这里一片鸟语花香，生机勃勃的景象。但是死海却全然不同，没有鱼的欢跃，没有鸟的歌唱，周围也是寸草不生，到处一片荒凉。两者的差别为何会这么大呢？原来伽里里海的海水有进有出，接受与给予同在；而死海呢，虽然也接受约旦河的河水，但却从来不把水放出去。于是，海水一天天地蒸发，而水里的矿物质也慢慢沉淀下来，因此浓度升高，没有任何的生物可以在这里生存。我们的学习也是这样，不能只进不出，而是应该相互的交流。现如今知识的更新速度惊人，老是抱着旧有的思想就会被生活所淘汰。而且一个人的头脑总是有限的，就像一只盛满水的杯子，无论如何是再也倒不进水去的。

学习，就是知识的不断更新，只知抱着旧有的知识，就难以吸收新近的知识，而固守旧有的知识，就会造成思想上的僵化，最后沦为一片"死海"。学习，就是取人之长，补己之短，不断提高"最短的木板"的尺度，才能容纳更多的东西。

有这样一句话：用知识来丰富我们的头脑，让智慧来为我们指引道路，我们将会一步步走向辉煌。所以，每个人都应该像大海一样，接纳对自己有益的知识。

会学还要会用

有许多人，都有这样一种偏见，认为学习知识就是为了应付考试。表面上是这样，但是一个人不可能永远生活在考场上，生活在学校里。我们会离开学校，步入社会，而我们所学的东西也应该随之运用到生活中去。所以，知识是我们一生的财富。

但是，有多少人能把在学校里学到的知识运用到社会上呢？在古代一些人就对学习的目的作过总结，他们认为"修身、齐家、治国、平天下"，就是学习的最终目的，真的如此吗？我国知识分子，都有一个共同特点，那就是志向不小：穷则独善其身，达则兼济天下。一旦学有所成，便希望有一天可以为国出力，为民效劳。孔子也认为，读书就是为了更好地做人、立身、处世。要把学与用相结合，只有这样，才能有益于国家，有益于社会。所以，学习的最终目的就是"行"，就是学以致用。就是要求我们把所学的东西用到生活中的各个方面。学习是一种改造思想的行为，但绝不能脱离实际，陷入空想。

再好的计划、再美的理想，也必须立足于现实；脱离了现实，只能结出失败的苦果。所谓"致用"，除了将知识用于生活之外，还要学会变通。生活总是在变，知识自然也要随之而改变。知识的最终来源就是生活，若脱离了生活，就成了无源之水，无本之木。但知识也要高于生活，只有这样，才会在生活中指导我们的行动。

战国末年，赵国有两员大将，一为廉颇，一为赵奢。赵奢用兵出奇，为国立下了赫赫战功，被封为马服君。赵奢有一子名叫赵括，由于受父亲影响，自幼熟读兵书，谈起行军布阵，头头是道。母亲对他非常赞赏，赵奢却不以为然地说："这小子纯粹就是纸上谈兵。两军交战，有关国家兴亡和千军万马的安全大事，慎之又慎还怕出错，而他却视为儿戏。赵国不用他还好，万一他成为大将，赵国必毁在他的手上。记住，我死后，千万别让赵括为将。"

后来，赵奢由于积劳成疾，不久病故。这时，秦国举兵攻打赵国，以白起为将。而赵国这边则由老将廉颇担任主帅，在长平率40万大军阻击秦军。廉颇知道秦军远离国土，供给不便，不利久战，于是便令赵军森严壁垒，固守城池，不与秦军进行正面交锋，让秦军不战自退。两军在长平对峙许久，秦军粮草果然渐渐接济不上，而赵国仍按兵不动，这让白起无计可施。这时，有人建议白起利用反间计。于是白起便派人到赵国国都散布流言，说廉颇老而无用，根本不是白起的对手。而马服君的儿子赵括自幼熟读兵书，且年富力强，以他为帅，定能将白起击败。赵王听到了流言，信以为真，于是便令赵括代替廉颇为将。赵括母亲得知此事，立即进宫，将赵奢生前说的话告诉了赵王，但赵王却固执己见，执意让赵括为将。赵母无奈，只得说："我不能改变大王的主意，但若赵括战败，受惩罚是他罪有应得，但请赦家人无罪。"赵王答应。当时蔺相如正在家中养病，听说此事也出面阻拦，请赵王改变主意，但赵王还是不听，让赵括接替廉颇，指挥对秦军作战。

赵括到了前线，一改廉颇的作战方针，命赵军正面迎敌，谁知这正中了白起的圈套。结果，赵军战败，40万将士全部被白起活埋。而赵国也大伤元气，不久便被秦国所灭。

我们尊重知识，但这并不等于让自己成为知识的奴隶。学习知识的关键，在于善用。知识只有与实际相结合，才能发挥出它的最大效力。否则，就只能是纸上谈兵。

知识是人类总结出来的各种经验和教训，是我们人类思想的精华。但当初我们总结经验的目的就是希望它可以对我们的行动进行指导，减少行为上的盲目性，而不是让它成为我们思想上的一种桎梏。如果那样，我们就成了知识的奴隶。

总之，天下没有放之四海而皆准的真理，时代总是在变化，知识也总是在更新，今天来说正确的事明天从另一个角度来看也许就不正确了，所以我们的头脑也应该随时变化。

我们或许会有这样的体验：一个学历并不高的人，却在工作上做得非常出色；而一个有着高学历的人，做起工作来却表现一般，丝毫看不出有什么智慧可言。

这其实就是一个学以致用的问题，有再高的知识学问，如果不会很好地运用到社会上，也只能成为一个平庸的人。所以，应该清楚这样一个事实，知识并非用学历高低及读书多少来衡量，因为现在的知识更新速度很快，今天学的明天就过时了，所以，只有你有很强的学习能力，才能占据优势。书读得多当然不是件坏事，它可以开阔我们的眼界，让我们少走弯路。但是若一切拘泥于书本，反而会成为我们自身发展的一种束缚，这时知识就会成为我们的负担。而那些没受过什么教育的人，他们的头脑中没有什么条条框框的束缚，所以他们的思维可以很开阔，如天马行空，也就总会有灵感迸出。所以，将你的知识还有你的智慧与行动结合起来，才能让你创出辉煌的业绩。

学得再好，并不一定能成功。只有把学到的东西用到生活中，才能体观出你学习的真正成果，也只有这样才能达成目标。

四 全力地付出

阿尔伯特·哈伯德说："懂得付出，就永远要付出；贪求索取，就永远要索取。付出的越多，收获的越多；索取的越多，收获的越少。"是啊，在工作中，人们总是关心公司能给自己多少回报，却忽略了自己到底付出了多少。天地间那杆无形的大秤对每个人都是公平的，只有付出才会有回报。

先付出再求回报

帮助别人有时候付出的也许很少，但得到的却无法用金钱来衡量。生活中常常有这样的时候，你不经意的付出甚至会改变你的一生。

有一次，我去一个朋友家，他们家是种菜果的，正好我去的时候他们在给果树浇水，由于需要浇的水量太大了，所以都是用抽水机从地井里抽。我很好奇，跟着朋友到抽水机那里，朋友让我去试试。但是不管我用什么办法都不能把水抽上来，我看着又深又黑的井，我怀疑地问朋友是不是井里根本没水。朋友对我说："井里的水很多，但是你使用机器的方法不对，你看那里有一只小桶，你需要用小桶往抽水机外面的这个管子里倒水，当水满了你再用力地摇抽水机，这样才能把水抽上来。"

当时是 8 月份，天气很热，为了把水抽上来，我努力地往抽水机里倒水，几分钟，我就满头大汗了，我看着水满了，就摇起了抽水机，可是几次以后，水还是没有抽出来。我准备放弃了，因为多次的努力毫无结果，我更加怀疑朋友在骗我，也许井里有水，但是已经被抽干了。可是朋友给我的答案是里面的水很多，而且你怎么抽也抽不干。

为了证明朋友说的话是真的，我又开始了倒水、摇抽水机的工作，可是半小时过去了，还是不见有水抽上来，我立刻就想放弃，这时朋友过来了，他说："我看你抽了半天，可是你几次都没有把抽水机管子里的水倒满，或者摇了几次就停下来，然后再摇，如果这样，你别想把水抽上来。"

最后我按照朋友的说法，果然，水抽了上来。是啊！虽然是一个小故事，但是，所反映出的道理却很深。世上没有不劳而获的东西，如果你没有付出，你永远都不会得到回报，只有付出以后，才会有你所需要的。换句话说，就是要想有水喝，你就需要努力去打水。想要得到就要先有付出，天上不会凭空掉下金子，你也别去想那些不劳而获的事，因为那是徒然的空想，永远不切实际的。

弗莱明是一个穷苦的苏格兰农夫。有一天，当他在田里耕作时，听到附近的泥沼里有一个孩子求助的哭声，于是他急忙放下农具，跑到泥沼边，看到一个小男孩正在粪池里挣扎。弗莱明顾不得粪池的脏臭，把这个孩子从死亡的边缘救了出来。

过了几天，一辆崭新的马车停在农夫家门前，车里走下来一位高雅的绅士，他自我介绍是被救孩子的父亲。

"我要报答你，好心的人，你救了我孩子的生命。"绅士对农夫说。

农夫回答道："我不能因为救你的孩子而接受报酬。"

正在这时，农夫的儿子走进茅屋，绅士问："那是你的儿子吗？"

"是。"农夫很骄傲地回答。

绅士忽然有了个好主意，他说："我们来定个协议吧，让我带走你的儿子，并让他接受良好的教育。假如这个孩子像他父亲一样，他将来一定会成为一位令你骄傲的人。"

农夫答应了。后来农夫的儿子从圣玛利亚医学院毕业，并成为举世闻名的弗莱明·亚历山大爵士，也就是盘尼西林的发明者。他在

1944 年受封骑士爵位，并荣获了诺贝尔奖。

数年后，绅士的儿子染上肺炎，是谁救活他的呢？是盘尼西林。那绅士是谁呢？他就是英国上议院议员丘吉尔。他的儿子是英国政治家丘吉尔爵士。

从故事中我们看到，弗莱明因为救了别人的孩子，而使自己的孩子受到良好的教育，最终获得诺贝尔奖金。而丘吉尔，则由于帮助别人的孩子受教育，而使自己的儿子在患病时幸运地获救。

是啊，收获总是在付出之后才会到来的。当然，在生活中也有许多人无法成功，因为他们没有认识到成功的真谛，他总是想得到自己的所需以后才付出。可世上的事，哪有这么简单？你想得到，必须先付出一些东西才能换来。

一部分员工会跑到老板那里对老板说："给我加薪，我就会做得更好；把我升为销售经理，我就会变得很能干，我会把公司现在的销售额提高百分之五十。"或者对着天空说："天神掉些金子下来吧！"可事实并不是这样的。因为，这不是社会所存在的规则。所以，在你期望得到某些东西的时候，你必须先付出一些才可以，这就是人生的补偿定律。只有你先付出，才能有所收获。

所有老板都喜欢那些主动、勤奋、积极的员工，他们无时无刻都在注意着这些员工，如果你把思考如何获取更多薪水的时间用来想怎样把工作做得更好时，你就会发现你离自己的目标越来越近。

付出从点滴做起

先看一个故事：从前有一户人家的菜园里埋着一块大石头，露出地面的宽度大约有四十厘米，高度有十厘米。到菜园的人，不小心就会踢到那块大石头，不是跌倒就是擦伤。

儿子问："爸爸，那块讨厌的石头，为什么不把它挖走？"

爸爸这么回答："你说那块石头，从你爷爷那时代起就一直放到现在了，它的体积那么大，不知道要挖到什么时候，没事无聊挖石头，不如走路小心一点，还可以训练你的反应能力。"过了一些年，这块大石头留到下一代，儿子娶了媳妇，也当了爸爸。

有一天媳妇气愤地说："老公，菜园那块大石头，我越看越不顺眼，改天请人搬走好了。"

丈夫回答说："算了吧！那块大石头很重的，可以搬走的话在我小时候就搬走了，哪会让它留到现在啊?"

媳妇心底非常不是滋味，那块大石头不知道让她跌倒多少次了。

有一天早上，媳妇带着锄头和一桶水，将整桶水倒在大石头的四周。

十几分钟以后，媳妇用锄头把大石头四周的泥土铲松。

媳妇早有心理准备，这块大石头可能要挖一天，可谁都没想到几分钟这块石头就被挖起来，看看大小，这块石头并没有想象的那么大，都是被那个巨大的外表蒙骗了。

这个故事给我们的启示是什么呢？首先，这个故事告诉我们，世界上没有免费的午餐，播下去什么种子，就会收获什么果实，如果想不劳而获是不可能的。

是啊，在工作中，人们总是关心公司能给自己多少回报，却忽略了自己到底付出了多少。天地间那杆无形的大秤对每个人都是公平的，只有付出才会有回报。

其次，我们可以从故事中看到这样一种状况，很多人在公司里都在尽力回避自己分外的事情，其实这就是心中存在着一种顽石，他们认为做好了本职工作就是完成了责任，而多付出就意味着要多承担责任，给自己多一分压力，但我们应该知道，只有有能力的人才能多做事情，这是一种对自我的肯定，是一种对自身价值的确认。能够为公司多付出的人，一般来讲，都是比别人更有承受力或具有更为突出能力的人。

我们心中所追求的一切无不需要付出，付出与回报是双向的，没有得不到回报的付出，也没有不用付出就能得到的回报。我们在公司也是一样，公司是个讲求经济效益的地方，它不可能在你没有付出的时候给你更多的回报，当然，它也不会让你的努力白费。

或许有些付出对于你是点滴的，但往往有时候能起到关键的作用。我们谈到从点滴做起的时候，还要消除心中的顽石，因为心中的顽石阻碍我们去发现、去创造。

所以你该为自己能够多一点付出而感到自豪，因为你已经向别人证明，你比别人更突出，你比别人更强，你更值得公司信赖。一个人能承担的责任有多少，就证明他的价值有多少，想证明自己的最好方式，就是能比别人做得多一点。换一个角度来理解，你会发现你的努力不是单向的，你会因此而得到更多的回报。

2006年对于中国体操队队员杨威是丰收的一年，连续被评为"2006年度国内十佳运动员"和"2006年度世界十佳运动员"。而杨威在赛场上出色的表现，源于平时艰苦的训练。

杨威从5岁就开始练习体操，16岁入选国家队，在国家队已经整整10年。国内的比赛他拿过不少冠军，也拿过团体的世界冠军，但在2006年之前一直没能拿到个人全能的世界冠军，可是以他的实力，是应该拿到这个奖项的。

一次又一次地与这枚奖牌失之交臂，杨威并没有泄气，一如既往地艰苦训练，由于他的坚持，最终也有了收获。

杨威在接受媒体采访时说："这么多年了，说实话我经历过许多失落和挫折，但都熬过来了，我还是相信那句话：付出总有回报。"

付出都是由点点滴滴汇聚而成的，就像运动员从小艰苦的训练，不仅仅是为了个人的成就，也是为了国家的尊严，付出了也终究会得到回报。作为员工，你能为公司付出，领导也会对你刮目相看，同时会给你更多的机会做更多的事情，且不论我们会因此而加官晋爵，这对于锻炼自己的能力和提高自己的经验也是不可多得的。还有，一个能为别人付出的人，一个勇于担当的人，也会因为自己的高尚行为而感到自豪，他们知道付出是从点滴做起的，只有着眼于眼前的细微之处，才能把握住成功的关键所存，才能够步步赢得快乐与幸福。

任何一个人的成功或失败，在很大的程度上取决于他个人的思想、行为和个性。当一个人认识到了他自己的这些个性特征时，就明白了这一切的所为是为了什么。

你的付出是有价值的

一个能为别人付出的人，一个勇于担当的人，会因为自己的高尚行为而感到自豪，这是一种快乐和幸福。你会因此而不觉得自己的付出是一种压力，你会进步得更快，你会发现这是一种双向的平衡，或者我们得到的比付出的会更多。

不管我们眼下从事哪一种工作，我们都可以通过比别人要求的做得更多、通过奉献自己，最大程度地体现价值最大化，并增强我们的道德意识。要走向生活的繁荣昌盛，关键的一点是要认识到繁荣昌盛并非是由更多的获得取得的，而是通过更多的奉献取得的！将我们的注意力放在我们能够为他人做什么，而不是向他人索取什么之上，我们的生活自然就会一天天繁荣起来。

倘若你热爱你选择的公司，你就应该把自己全部的精力用在工作上，充分地发挥自己的能力。当你为公司奉献了你的全部精力，当你为工作上取得的成就而欢欣鼓舞，当他人在与你共享你的成绩时，有形与无形的就成了你的回报。无形的酬报包括个人能力的提升及你所获得的名望。另一方面，如果你仅为工资单而工作，而不肯为公司多做一点奉献，那么，你就会慢慢地轻视自己的公司，继而轻视你的工作。

当然，你的付出是有价值的。有这样一个故事：东尼在家门口遇见了一个老年人，看着老人孤单、破落的样子，东尼把自己口袋里大部分的钱都给了老人。老人很感激东尼。

转眼两年过去了，东尼做了父亲，他的爱人给他生下了一个可爱的女儿。不幸的是，孩子半岁时患了一种无法解释的瘫痪症，丧失了走路的能力。

女孩8岁那年和家人一起乘船旅行。在船上东尼很巧地遇见了当年他帮助过的那位老人。老人很兴奋地对东尼说，他本是一位有名的医生，那年因为妻子去世受了打击，所以才流浪到东尼家门口，在东尼的帮助下他终于回到了家里，这一次是特意出来游玩的。东尼听说老人是一名医生，就把自己女儿的事告诉了老人，在经过老人的一番查看后，他认为女孩的脚有机会治好，于是他们展开了治疗行动。经过长达半个月的按摩与治疗，女孩的脚渐渐有了知觉。一天，老人给女孩讲船长有一只天堂鸟，女孩被老人的描述迷住了，极想亲自看一看这只鸟。老人故意把女孩留在了甲板上，说自己去找船长。女孩等了很长时间，终于耐不住性子要求船上的服务生立即带她去看天堂鸟。服务生并不知道她的腿不能走路，只顾带着她一道去看那只美丽的小鸟。奇迹发生了，孩子因为过度的渴望，竟忘我地拉住服务生的手，慢慢地走了起来。藏在一旁的老人看到这一幕开心地笑了，后来他对女孩及东尼说，一开始的治疗只是让她的脚产生感觉，重要的是后来孩子看天堂鸟的决心，因为她的意念所以产生了奇迹。讲到这里老人看了看东尼又说道，我也给我的恩人做了一件好事了。

所以，世上没有天上掉馅饼的事，只有你付出了，才会有所收获。有许多人都抱怨自己的付出与回报不成正比。我想，这可能就是人们把物质的东西看得太重了，而忽略了精神上的收获，甚至有人根本就没想到过这一点，所以他们才抱怨，才不愿意付出。

　　只有员工从心里改变自己对付出的理解，他才会心甘情愿地付出，并认为这种付出是一种快乐，也是一种责任，他才会真正体会到工作中的付出带给他的乐趣，而这正是工作的最高境界。作为公司的一名员工，因为他的付出为公司创造了更多的发展空间和机会，那么他所获得的不仅仅是物质上的回报，更多的是一种自我价值的实现。如果你能以付出为乐，那么我们有理由相信，你一定会做得更好。

　　有这样一个故事，我觉得对于理解付出与回报之间的关系很有帮助。故事说有两个准备投胎转世的人被召集到上帝的面前，上帝说："你们当中有一个人要做个只索取的人，另一个人要做付出的人，你们商量后自己选择吧。"

　　上帝的话音刚落，第一个人就抢着说："我要做索取的人。"这人想，索取也就是一生什么事也不用做，坐享其成的人生那可真不是一般的幸福。他甚至为自己的抢先一步感到无比幸运。另一个没有其他的选择，于是，他做了那个甘愿付出的人。

　　多年以后，人们看见了这样的结果。那位选择付出的人成了一个大富翁，他乐善好施，给予他人，成了一位有名的慈善家，备受人们尊重。而另一位则做了乞丐，他一辈子都在不停地索取。原来，上帝是这样满足他们的要求的。

　　另外一点就是当我们谈到从点滴做起的时候，还要消除心中的顽石——只想索取，不愿奉献，因为心中的顽石阻碍我们去发现、去创造。

　　所以你该为自己能够多一点付出而感到自豪，因为你已经向别人证明，你比别人更突出，你比他们强，你更值得公司信赖。一个人能承担责任多少，证明他的价值就有多少，想证明自己的最好方式，就是能比别人做得多一点。换一个角度来理解，你会发现你的努力不是单向的，你会因此而得到更多的回报。

　　工作中什么最重要：不是薪水而是能力的提升。当你的能力达到了老板所认可的程度时，你就会得到更多的薪水和职位的提升，同时，你也会得到更多的发展机会。所以，在工作中必须时刻提醒自己。我工作是为能力的提升，并不全是为了薪水而工作。

五 要与人为乐

俗话说：一个篱笆三个桩，一个好汉三个帮。这说明了人际关系的重要性。一个人，无论有多优秀，也不能没有朋友。因为我们的现实生活可以清贫一些，但我们的精神食粮却不能不足。一个人处于困境中，只要有朋友相肋，那么，很容易从困境中走出来。朋友可以给他们提供一些物质上的或是精神上的帮助，可以给他们一些开导，帮他们出一些主意，改变他们对事物的看法。

学会宽容

有一本书上写着这样一段话：宽容是一种涵养，如丝丝春雨，能化千层冰，温暖你的心灵；又似暖暖春风，吹散心头的阴云，还你一片晴空。宽容不是懦弱，而是一种豁达和大度；宽容也不是放纵，而是一种关怀和体谅。宽容是人与人之间的一种润滑剂，也是人生的一堂必修课。

然而，宽容还可以让我们赢得人心，而得人心者得天下，我们的眼界也会随着交往的增多而更加开阔，事业也会随之而更加成功。

人与人之间交往，总会有发生磨擦的时候，而宽容则是消除这种误会的最佳良药。一个人如果不懂得宽容，那么就很难赢得别人的友谊，甚至连曾经的友谊也会失去。生活中，我们经常会见到一对很要好的朋友，因为一点小事而闹得不欢而散。毕竟都是年轻人，都有火气，你不让我，我也不会让你，所以仅为了一点小事，便由朋友变成陌路。英国诗人济慈说过："人们应该彼此容忍，每个人都有缺点，在他最薄弱的方面，每个人都能被切割捣碎。"是的，人无完人，每个人都有犯错误的时候，我们应该彼此宽容，而不是互相伤害。

当然，宽容也不是没有限度的，否则，就成了纵容。有一对老夫妇，他们生活了几十年从来没有闹过矛盾。在他们金婚纪念日那天，有人问他们婚姻保鲜的秘诀是什么。老妇人说："从我结婚那天起，我便列出了丈夫的 10 条缺点，并告诉自己，为了我们的婚姻幸福，每当他犯了这 10 条中的任何一条时，我都会原谅他。"有人问她那 10 条缺点是什么，丈夫也好奇地望着她。只见老妇人不慌不忙地说："实话告诉你们，我从没将这 10 条内容列出。每当他惹我生气的时候，我总会对自己说，算他好运，犯的是可以原谅的那些错误，这次就不与他计较了吧。"

正如这样一句话所说："心有多大，舞台就有多大。"一个人有什么样的心胸，就会有什么样的舞台。你的胸怀可以包容一县，那便可以做个小县令。你的胸怀可以包容一省，那么你就可以成为一个封疆大吏。你的胸怀如果可以包容万物，那么整个天下也就可以为你所有了。凡是能成大事之人，无一不是胸怀宽广的人，像唐太宗李世民，横扫欧洲的拿破仑，还有统一了大草原的成吉思汗铁木真等，古今中外，概莫能外。要做事，先做人。宽容不仅仅用来做事，还应该用来做人。

法国作家雨果说过："世界上最广阔的是海洋，比海洋更广阔的是天空，比天空更广阔的是人的胸怀。"大海因为宽广，所以可以波浪滔天；天空因为宽广，所以可以包容万物；而人的胸怀宽广，则可以包容整个世界。

洛克菲勒的名字几乎无人不晓。他一手建立了自己的石油帝国，聚集了大量的个人资产，其知名度甚至超过了许多美国总统。而他之所以能成就这样的伟业，与他的宽容大度是分不开的。洛克菲勒能打下石油帝国的江山，与他手下的一班干将不无关系。但是这些人中有许多就曾是洛克菲勒以前的敌人。在美国，当时的法律和舆论都不允许垄断。于是他便请来当时一个很能干的律师，这个人是钻法律空子的好手。洛克菲勒以高薪聘他作为美孚公司的法律顾问，最终赢得了胜利。而就是这个人，以前却是洛克菲勒的劲敌，他曾在宾夕法尼亚的制宪会议上猛烈攻击过洛克菲勒。

洛氏家族中另一位有名的人物便是约翰·亚吉波多。而这个人，以前曾是生产者联盟的领袖，曾经险些把洛克菲勒搞垮。后来洛克菲勒不计前嫌，将此人收归帐下，通过他的手颠覆的大小企业不计其数。

是啊，如果人与人之间可以多一些宽容的话，那么磨擦也就少了。宽容当然不仅仅适用于婚姻，还适用于友谊，以及与任何人的相处之中。特别是我们的朋友，或许因为不小心，彼此总会伤害到对方，这时，受伤的一方给予对方的应该是宽容，而不是斤斤计较。毕竟，朋友是我们除父母之外最为亲近的人，他们会直言不讳地指出我们的缺点，偶尔也会让我们感到难堪。但是，爱之深，责之切。就像父母小时候教育我们一样，偶尔也会有拳脚相加的时候，但是那都是为了我们的成长。没有人会计较父母对我们的那些责骂，自然我们也不应该计较朋友的一些不当之举。

所以说，对人宽容，但是一定要适度。而且宽容是在朋友无意的情况下，如果朋友有这样的恶习，那么我们的宽容或许会害了他们，这时我们所做的便是想办法帮他们改掉这个坏毛病，而不是一味的纵容，所以，宽容也并不是终点。

生活中，多一些宽容总会好一些，如果我们每个人都有一颗宽容的心，那么我们的生活将会更加美满，而我们的社会也会更加和谐。

宽容是一种感动人的品质。因为你的宽容有时候能挽救一个做错事的人。每个人都会做错事。将心比心，自己犯了错误的时候也希望能得到别人的谅解。学会宽容，那么你的人生就会变得很愉快。

以诚待人

　　成功往往与诚实结伴而行，诚实是一个优秀者最基本的人格要素，也是做人最基本的道德要求，在任何时候诚实都是成功的基石。诚实守信是一种高贵的品质，是我们做人必须坚守的原则。有人说诚信是美德的集合体，这种看法虽然有些绝对，却足以证明人们对诚信的重视和期望。

　　古人说："人无信不立。"信，就是信用、守信，即能够按事先跟人的约定行事。一个人要办事，没有良好的信誉、切合实际的行动是不行的。做人、交友、学习、工作，每时每刻都离不开守信这种美德。

　　有一位求职者到一家公司应聘，他各方面的能力都非常优秀，在第一天的面试中他从众多的应聘者中脱颖而出，公司要求第二天再进行一次面试。

　　第二天一大早，这位求职者便来到了面试地点。这次面试由经理主持，在谈了十多分钟后，经理忽然惊喜地站起来对他说："我想起来了，那一年我和家人去游玩，我的孩子不小心掉进了一个洞里，是你帮忙救出来的，不知道你忘记了没有。"

　　这位求职者很惊讶，因为，他在家乡的一个风景区确实救过一个小孩，那是很久以前的事了，于是他对经理说："经理先生，我想你搞错了，我在家乡确实救过一个小孩子，不过那是多年前的事了。"可是经理一口咬定求职者救过自己的孩子。求职者在心里想：我真救过他的孩子吗？如果那样我的工作就好办了。

　　几分钟后，求职者对经理说："我当时没注意，所以不敢肯定是不是你的孩子，如果真救过你的孩子，那么这个世界真的太小了。"

　　"你还没想起来吗？你忘了，我的孩子那年 13 岁，穿一件白色的衣服。"经理又说道。

"哦！想起来了，没想到我们还能再见面。其实救你的孩子任何一个人看到都会这样做的。"求职者说。

经理和求职者又谈了一会儿后，对求职者说："你先回去吧！结果如何我们会通知你的。"

几天后，求职者收到了那家公司的回信，信中说：非常抱歉，你落选了，因为我们公司需要诚实的员工。另外，经理现在还没有孩子。那天经理说的事，只是一次面试罢了。

古今中外的许多名人、伟人，他们之所以受到人们的尊重，在事业上有所发展，获得成功，探其原因，他们都具有守信这一品德。可以说，守信是成功的条件，是成功者面对真实自我的一种表现方式。

宋濂是我国明代一位著名学者。他从小喜爱读书，但家里很穷，上不起学，又没钱买书，只好向朋友、同窗借。每次借书，他都讲好期限，按时还书，从不违约。所以，人们都很乐意把书借给他。

一次，他借到一本书，越读越爱不释手，便决定把它抄下来。可是还书的期限快到了，他只好连夜抄书。时值隆冬腊月，滴水成冰。他母亲说："孩子，都半夜了，这么寒冷，天亮再抄吧。人家又不是等这书看。"但是宋濂却说："不管人家等不等这书看，到期限就要还，这是个信用问题，也是尊重别人的表现。如果说话做事不讲信用，失信于人，怎么可能得到别人的尊重?"于是，他连夜把书抄完，第二天就把书还给了别人。

还有一次，宋濂要去远方向一位著名学者请教，并约好了见面日期，谁知出发那天下起了鹅毛大雪。当宋濂挑起行李准备上路时，母亲惊讶地说："这样的天气怎能出远门呀？再说，老师那里早已大雪封山了。你这一件旧棉袄，也抵御不住深山的严寒啊!"宋濂说："娘，今日不出发就会耽误了拜师的日子，这就失约了。失约，就是对老师不尊重啊。风雪再大，我都得上路。"

当宋濂到达老师家里时，老师不由地称赞道："年轻人，守信好学，将来必能成功！"后来，宋濂果然成为著名的散文大家。

古人云："一言既出，驷马难追。"讲的就是一个"信"字。即讲话一定要严守信用，不食言，对自己所说的话要承担责任和义务，取信于人。所以，对做不到的事情，我们不要轻易许诺；一旦答应别人的事情，就要千方百计、不遗余力地去兑现。当然，如果有的事情经过多次努力还是办不了，则应该向别人诚恳地说明原因，并表示歉意。

另外，生活中的许多事情，都不是一个人能够完成的，需要和许多人协调一致，共同进退。因此，在很多时候都需要大家约定一个时间。然而在现实中，很多人都有不遵守约定时间的坏习惯。这些小事看起来没什么了不起，但是会给别人带来许多不便。因此，不要认为你的偶尔失约没什么大不了，这些细小的行为会使你的人格大打折扣，会让他人认为你不是一个值得信赖的人，久而久之你就会失去别人的信任，也就破坏了自己的人际关系。

诚信为人永远没错，诚信的人可以得到他人的帮助和信任，可以在社会上拥有好的信誉，使别人放心地与其共事。一个不讲诚信的人则不会得到别人的信任，也不可能使人放心地与其共事。

互助才能成功

一个人所取得的地位越高，那么周围与他可以交心的人也就越少，这也就是所说的"曲高和寡"和"高处不胜寒"了。没有朋友，就会让我们的精神陷入空虚，让我们在生活中更加脆弱，所以，加强人际交流，无论对我们的身心还是工作以及摆脱不利的环境，都是极为有利的。

著名的成功学大师戴尔·卡耐基曾说："一个事业的成功只有15%取决于他的专业技能，另外的85%要依靠人际关系和处世技巧。"

尤其在当今社会，人与人之间的交流越来越频繁，各学科知识的深度不断增加，任何一个人，无论他有多么优秀，都不可能掌握自己所需要的全部知识。所以，现在需要的就是团队精神与团队合作。

有一家社会调查公司，他们对一群即将要离开大校的学生作了一个调查，20 年后，这些人相聚一起，大多数人都已事业有成，有的成了软件设计师，有的成了知名学者，有的则在大学任教，还有的成了文学界的风云人物。这时，有人对他们作了调查，调查的内容是：如果把你重新送回大学学习，那么你会选择做好下面哪件事，以弥补这20 年的缺憾？

A，用功学好专业知识；

B，努力学习英语；

C，学习人际交流的艺术；

D，将更多的时间花在恋爱和感情问题上；

E，退学开公司，尽快走上创业之路。

结果，90% 以上的人选择了 C，尽管现在他们已处于不同的行业，有着不同的成就，生活在不同的城市，但他们的选择说明了人际交流的重要性。

是啊，我们每个人都生活在社会中，也生活在团队中，所以不再是一个独立的个体，因此必须要学会与人交往的技术。现在流行一个词，叫"人脉"，就是你的人际关系的好坏。一个人如果有着广泛的人脉，那么在工作时就会得心应手。许多大公司在聘用经理时也要看他是否能够正确地处理好人际关系。一个人——尤其是作为一个管理者，无论他多么有才华，他也必须学会与人相处的技巧。因为管理者的作用便是上传下达，既要把上级的命令准确地传达给下级，又要把下级的意见准确地反映给上级，万一中间的信息传递出现失误，就可能会造成很严重的损失。

一个人的智慧是有限的，众人的智慧才是无穷的。"三个臭皮匠，顶个诸葛亮"，说的便是这样的道理。而一个人能够处理好人际关系，就能够取得非凡的成就。就像大汉朝的开国皇帝刘邦，他没有张良的运筹帷幄，没有韩信的用兵如神，甚至在治国方面连萧何也不如，但他偏偏就当了皇帝，而张良、韩信、萧何等人只能听命于此，原因何在？真的如算命先生门中所说的"命"吗？非也。作为一国之首，不仅要有韩信的善战，还要有张良的智慧，更要有萧何的治国有方。但是却没有一个人可以兼具这三方面的才能。刘邦当然也不具备，但是他却可以集合这3人之力，将他们的智慧用在一起，以这三个人的智慧打下了大汉的江山，所以天下尽归刘氏而不归张、韩、萧。这就是处理人际关系的威力。

作为一个好的领导，总是能够集合起最大的力量，使团队的力量发挥到最大；而一个不称职的领导，却可能把所有优秀的人才挤走，给企业造成重大的损失。不仅仅是领导，在我们的日常生活中也是这样。那些交友广泛的人无论在哪一方面处理事情都会更加顺利。因为，只有互相帮助才能更容易走向成功。

如果一个人只抱着自己的工作去做。而不知帮助别人。将无法发挥多方面的潜在才能。协助同事工作，也许会用去你一些时间，但你的整个职业生涯的发展将因此受益。

第三章　进取人生故事

人生在世，最大的收获莫过于事业的成功。没有进取心的人，做不成大事。因为，进取心能推动我们顽强地向着未知领域不停地探索，它还能促进我们智力的发展，强化我们的意志力。反之，如果我们缺少进取心，就意味着对生命没兴趣、对未来也没有设想，结果只能一事无成。成功的花，总是开在进取的土壤上，一个爱拼的人，才会赢得美满人生。

一　培养进取心，让生命更加精彩

人生需要目标，有目标才有奋斗，有奋斗才有充实感。要充实必定要自信。人生并非是一帆风顺，永无波浪物，它是一条充满艰辛坎坷、曲折，充满挑战，充满挫折的旅途。只有积极进取，方能战胜这些挫折，也只有这样，人生才能算得上精彩。

为事业而工作

在一个大热天里，有一群人正在铁路的路基上辛苦工作，挥洒汗水。这时，一辆火车缓缓地开过来，他们只好放下手里的工作，抬头注视着它。

火车停下后，最后一节特别装有空调设备的车厢的窗户突然打开了，一个热烈的声音从里面传出来："王东，是你吗？"这群人的队长王东回答说："是我，金多大哥，能在这里看到你，我真高兴。"寒暄几句后，王东就被时任铁路公司总经理的金多请上车去了。这两个久别重逢的朋友经过一个多小时的闲聊后，握手话别，火车又开走了。

王东一下火车，他的工人立刻包围了他，他们对他居然是铁路公司总经理的朋友而感到吃惊，问他是怎样认识的。王东解释说：20 年前，他跟金多同在铁路公司工作，是很好的工友。有人半开玩笑地问王东："20 年前你们就是工友，那么，为什么你现在还在干这样出力流汗的工作，而金多却成了管理者？"王东不好意思地解释道："20 年前，我是在为每小时 10 元的工资而工作，而金多却是在为整个铁路事业而工作。"

就是因为王东的这种进取精神，所以才成就了王东在公司里的地位。

如果王东改变了自己对工作的消极心态，而像金多那样拥有为铁路事业而工作的进取精神，那么，他的人生也一定会被改写。不同的人生追求就是这样塑造了不同的人生。我们从这个故事中学到了什么呢？

两颗种子的命运

有两棵种子，被风吹到一个温暖湿润的地方。春天来了，该它们扎根土壤，发芽生长了。这时，它们便动起脑子。

一颗种子这样想：我得把根扎进泥土，努力地往上长，要走过春、夏、秋、冬，要看到更多美丽的风景。于是，它努力地向上生长。在又一个金色的秋天，它变成了很多颗成熟的种子，秋风一吹，它哗哗地笑起来。

另一颗种子却这样想：我如果是向上长，可能碰到坚硬的岩石，我如果是向下扎根，可能会伤着自己脆弱的神经，如果长出幼芽，肯定会被蜗牛吃掉，如果开花结果，可能被小孩连根拔起，还是躺在这里舒服，安全。于是，它龟缩在土里。一天，一只觅食的公鸡过来，闻到了种子的味道，于是啄了几下，便将它吞到肚子里了。那一刻，它后悔莫及。

读了这则寓言故事，不由得令人慨叹两颗种子的截然不同的命运。细细一想，就会明白一个道理：越是害怕失败，越会导致更大的失败。相反，坚定地树立起奋发向上的信念，敢于冒险，敢于承受岁月的风风雨雨，就一定会拥抱令人羡慕的成功，就会品尝丰收的硕果。

不生气的方法

古时候，西部地区有个叫他维斯亚的人，他有个习惯，一生气就跑回家去，然后绕自己的房子和土地跑三圈。后来，他的房子越来越大，土地也越来越广，而他一生气，仍要绕着房子、土地跑三圈，哪怕累得气喘吁吁、汗流浃背。当他已经很老了，走路需要拄拐时，一遇生气，他依然要绕着土地和房子转三圈。

一次，他生气了，拄着拐杖走到太阳已经下山了，还在坚持，他的孙子怕他有闪失就跟着他。孙子问："爷爷，您一生气就绕着房子和土地跑三圈，这里面有什么秘密吗？"

他维斯亚说："我年轻时有个毛病，总是爱生气。一生气就什么也干不成，结果反而更生气。后来，在一个高人的指点下，我学会了控制生气的方法：一和人吵架、争论或生气，我就绕着自己的房子和土地跑三圈，我边跑边想——自己的房子这么小，土地这么少，哪有时间和精力去跟人生气呢？一想到这里，我的气就消了，我就有了更多的时间和精力去工作和学习了。"

孙子又问："爷爷，您年老了，成了富人，为什么还要绕着房子和土地跑呢?"

　　他维斯亚笑着说:"现在我生气时仍然绕着房子和土地跑三圈,边跑我就边想——我房子这么大,土地这么多,又何必和人计较呢?一想到这里,我的气就全消了。"

　　读了这个故事,我们会明白这样一个道理:人的精力和时间总是有限的,哪顾得上和人生气呢?因为生气不仅伤害了自己的身体,也浪费了许多宝贵的时间。所以,当我们遇到不快时,一想到我们还有许多正事要做,就没有任何生气的理由了。这个故事也告诉我们:当我们不快乐的时候,往往是为不值得一提的小事而浪费时间。如果我们把精力放在学习和工作上来,那么,学习和工作的乐趣会使我们重新获得快乐。

井底之蛙

　　在一口浅井里住着一只青蛙。一天,从东海来了一只大鳖,青蛙对它说:"我多么快乐啊!出去玩玩,就在井口的栏杆上蹦蹦跳跳;回来休息就蹲在残破的井壁的砖窟窿里;跳进水里,水刚好托着我的胳肢窝和面颊;踩泥巴时,泥深只能淹没我的两脚,漫到我的脚背上。回头看一看那些螃蟹与蝌蚪一类的小虫吧,哪个能同我相比啊!并且,我独占一坑水,在井上想跳就跳,想停就停,真是快乐极了!您为什么不常来我这里参观呢?"

　　海鳖左脚还没踏进井里,右腿已被井壁卡住了。实在下不去了,它在井边徘徊了一阵就退回来了。它把大海的景象告诉青蛙,说道:"几千千米的确很远,可是它不能够形容海的辽阔;几万米的确很深,可是它不能够探明海的深度。夏禹的时候,10年有9年水灾,可是海水并不显得增多;商汤时,8年有7年天旱,可是海水也不显得减少。永恒的大海啊,不随时间的长短而改变,也不因为雨量的多少而涨落。

这才是住在东海里最大的快乐啊！"

浅井的青蛙听了这一番话，惶恐不安，两眼圆睁，好像失了神，深深感到自己的渺小。

井底之蛙式的快乐，只是夜郎自大、故步自封式的快乐，一旦"窗户纸"被捅破，就会感到羞耻，以致一蹶不振。所以，人生贵在进取，贵在有自知之明，只有了解自己的不足，并积极地为弥补不足而奋斗，才能体验奋斗的乐趣，才能体现人生的价值，才不会抱憾终身。

萧伯纳的成功

萧伯纳15岁时就不得不出去找事做。

20岁时，萧伯纳去了伦敦，却不知到何处寻找工作，后来他参加了许多讨论社团。起初他总是感到困窘，逐渐的，情况好了起来，他知道怎么把话说得通透明白，不久他就被各种集会邀请前去作专题演讲。在12年的时间里，他是靠演讲过日子的。

然而萧伯纳并没有满足于眼前的成功，他想将这新发现的才能应用于写作。于是，他给自己规定每日必写5页东西，不管好坏，一概不拘。就这样过了4年，他从自己的那些文章里总共才得到30美元的稿费，这不免使他很失望。

但他仍然没有放弃写作，他接着写了5部长篇小说，全部被出版社拒绝，这令他更加沮丧。他吸取了当初演讲从失败到成功的经验，坚信自己写作也会成功。他鼓励自己，仍然每日写一定数量的文章。

就这样，未受过正规学校教育的萧伯纳成了世界上最有名气、收入最多、最为人们所喜爱的作家之一。

一个人能够成为世界上最有名气、收入最多、最为人们所喜爱的作家之一，难道不是一种伟大的成功吗？难道不是一件最令人欣慰和喜悦的事吗？但这个成就是在多年的奋斗中孕育起来的，是不断进取的结果。如果没有坚持不懈的奋斗，人生难以取得成就，也就谈不上什么成功的喜悦了。懂得这个道理，我们就懂得了奋斗的价值所在了。

一个有缺憾的孩子

在某个学校的一间教室里，坐着一个八岁的小孩，他胆小而脆弱，脸上经常带着一种惊恐的表情。他呼吸时就好像别人喘气一样。一旦被老师叫起来背诵课文或者回答问题，他就会惴惴不安地站起来，而且双腿抖个不停，嘴唇也颤动不止。自然，他的回答时常含糊而不连贯，最后，他只好颓丧地坐到座位上。如果他能有个好看的面孔，也许给人的感觉会好一点。但是，当你向他同情地望过去时，一眼就能看到他那一副实在无法恭维的龅牙。

通常，像他这样的孩子，自然很敏感，他们会主动地回避多姿多彩的生活，不喜欢交朋友，宁愿让自己成为一个沉默寡言的人。但是，这个孩子却不如此，他虽然有许多的缺憾，但是同时，在他身上也有一种坚韧的奋斗精神——一种无论什么人都可以具有的奋斗精神。事实上，对他而言，正是他的缺憾增强了他去奋斗的热忱。他并没有因为同伴的嘲笑而使自己奋斗的勇气有丝毫减弱，相反，他使自己经常喘气的习惯变成了一种坚定的声响；他用坚强的意志，咬紧牙根使嘴唇不再颤动；他挺直腰杆使自己的双腿不再战栗，以此来克服他与生俱来的胆小和其他众多的缺陷。这个孩子就是西奥多·罗斯福。

他并没有因为自己的缺憾而感到气馁。相反，他还千方百计想办法去利用它们，把它们转化为自己可以利用的资本，并以它们为扶梯爬到了荣誉的顶峰。到他晚年时，已经很少有人知道他曾经有过严重的缺憾，他自己又曾经如何地惧怕过它。美国人民都爱戴他，他成了美国有史以来最得人心的总统之一。

每个人都不可能是完美无缺的，人人都有缺憾，人人都有弱点。过分地关注自己的缺憾是最愚蠢的做法，只能让自己沉闷和丧气。因此，不论处于怎样恶劣的境地，我们一定不能绝望，不要生气，不要忧伤，而是要努力拼搏，积极开发自己的优点，化劣势为优势，登上成功之巅。当你实现了这一点，成功的喜悦不是足以扫荡当初的不愉快吗？那时，兴许你就是世界上最快乐的人。

快乐的林肯

林肯身上有许多可爱之处。他从来不遮掩自己，当有人笑话他的父亲曾是个鞋匠时，林肯笑笑说："不错，我父亲是个鞋匠，但我希望我治国的本领能像我父亲做鞋那样娴熟高超。"林肯善于用最通俗的语言来表达最深刻的道理。他被人最常引用的名言是："你可以在任何时候愚弄某些人，也可以有时愚弄所有的人，但你不可能总是愚弄所有的人。"

林肯虽生活坎坷，饱经挫折，却仍乐观地等待明天。纵观林肯的一生，他欢乐的时刻要远远少于悲痛与烦恼的时间，但他还在坚持不懈地拼搏。这一点就连他的对手都对他敬佩不已。斯蒂芬·道格拉斯这个两次击败过林肯的竞选对手在评价老对手时说："他是他党内强有力的人物，才智超群，阅历丰富；因为他那副滑稽可笑和说笑话不动声色的模样，他是西部最优秀的竞选演说家。"南军总司令罗伯特·李将军也曾言，林肯是他一生中最敬佩的人，尽管他们的政见不同。

林肯的可爱还在于他虽在政界打拼了多年，却不改其朴实无华的本色。林肯不是一个完人，有着许多毛病，但他是一个善良的人，一个顽强的人，一个富有正义感的人，一个通情达理的人。林肯入主白宫时，想的只是要推翻奴隶制，他没想到这竟会使他成为美国历史上最伟大的总统之一。在当时，他曾十分担心这样做会导致国家的分裂，但他不惜国家分裂也要推翻奴隶制，因为他坚信：人生来平等。尽管林肯的个人生活很不幸，但他却使千千万万的老百姓获得了幸福。

林肯很小的时候就失去了母亲，从小参加劳动，放牛种地，和父亲一道披荆斩棘开路拉车。离家后，给人当店小二、邮递员、测量员。贫穷的出身和痛苦的生活并没有使他在生活的激流中退却、萎缩，反而激励着他勇于进取、克服困难，顽强拼搏。贫穷的生活使他接触到善良的人们，认识到社会的不平等。下层社会的经历使他意志坚强了，心胸豁达了，进取的精神使他在劳作之余发奋地学习，能想到人不敢想、能做到别人不敢做的事情。林肯能成为一个乐观的人，也与这些生活不无关系。可见，一个人的进取心对快乐性格的形成具有多么大的作用。

二 目标是动力，有理想才有方向

人生一世，总有一定的奋斗目标。有目标才有希望。目标有长远目标，也有阶段性目标，有大目标，也有小目标。有了大目标，再制定小目标，只有一件事一件事地去完成，一个小目标一个小目标地去实现，人生的大目标才能"水到渠成"。我们从小就要树立远大理想，培养目标意识，让目标成为我们学习和做事的动力，进而一步一步地迈向辉煌。

有目标才有方向

初夏的一天，一位从城里下乡的大学生在田野中漫步，他一边欣赏着美景，一边思考着问题。当走到了一片水田附近，他惊奇地发现，田中新插的秧苗排列得十分整齐，简直像有人量过一样。他十分好奇，跑去向正在田中耕作的农民询问这是怎么回事。

农民忙着插秧，头也不抬，让他自己取一把秧苗插插看。

大学生卷起裤管，喜滋滋地开始插秧苗。

第一次，他插得参差不齐，因为没有盯住一样东西。

第二次，他插成了弧形，因为盯住了水牛，水牛移动，他插的秧苗也跟着弯曲。

第三次，他插出了整齐的秧苗，因为盯住了一棵大树。

没有参照物，就很难判断你关注的物体是否在运动；没有目标，就是有天大的精力也没有发力的方向。要想把事情做好，就要设立一个明确的目标。这世上没有大到不能完成的理想，也没有小到不值得设立的目标，要做事，就必须设定目标。只有朝着确立的目标走，做事才有方向，生活才有希望，奋斗才有动力。

缺少的是"野心"

一家电视台制作一档智力游戏节目，栏目名称叫《谁是未来的百万富翁》。因为奖金丰厚，悬念迭出，吸引了众多观众。但这档节目有一个特点，就是每答对一道题目，就可以获得相应的奖励，而如果继续答题时没有回答出，那么就退出比赛，并且剥夺已经取得的奖励。

前几期播出时，没有一位参与者能够获得 100 万元的奖励，能够在节目中有所收获的只是一些见好就收的人。虽然参赛者强手如林，可真正一路过关斩将到最后的人，从来没有出现过。因此，几乎所有的参与者都学乖了，最多到 10 万元左右，便放弃答题，退出比赛。

但是，有一位青年人打破了这个记录。令人奇怪的是，他取得百万巨款并不是因为他知识渊博，而是因为他的心理素质和野心。因为在 50 万元之后，每一道题都相当简单，只需略加思考，便能轻松答出。同样，那么多人与巨奖失之交臂，都是因为自己"见好就收"，没有成就百万富翁的野心。

无独有偶，另一家电视台的智力竞赛节目里，也曾产生过一位百万奖金的获得者，主持人评价他"不可思议"。但那位年轻的只有高中学历的打工者却平静地回答说："意料之中，志在必得。"他是一个十分"狂傲"的年轻人，却战败了许多拥有高学历的精英。

有一位媒体大亨去世前，在他的遗嘱中把一笔遗产作为奖金，奖给揭开贫穷之谜的人。在众多的来信中，只有一位小姑娘猜中谜底。其答案是：穷人最缺的是野心。这个谜底震动了欧美，几乎所有的富人都承认：没有野心就没有今天的财富。所谓"野心"，就是敢想敢干的信心。实现野心是需要冒风险的，只满足于现实的人，永远不可能脱颖而出。

明星的追求

日本著名影星高仓健年轻时，生活过得很清贫。为了糊口，他不得不违背自己当初的理想，进入电影制片厂当演员。他参加了《大学的石松》《万年太郎》等电影的演出，但他所扮演的风流小生，演技平平，有时甚至笨手笨脚，因此始终难露头角。

高仓健曾和一位舞女在拍摄电影时共事。那个姑娘因为工作劳累过度，突然全身冒着冷汗昏倒在地。当时，高仓健随着救护车将她送往医院，经诊断是贫血，必须住院治疗一段时间。实际上，那时高仓健的生活并不比这位舞女好多少，心里充满了寂寞、惆怅。

第二天，谁也没有想到，那位姑娘又步履蹒跚地出现在摄影场地。看到她的到来，大家都埋怨她"不要命了"，很多同事劝她回去休息，因为她的脸色苍白得吓人。可是，姑娘微微地笑了笑，有气无力又很坚定地说："不，我不能放弃！也许，这部作品能使我成为明星。"

舞女的话震撼了高仓健的心灵，使他产生了灵感。那灵感是长期苦苦求索之后，突然被激发出来的。他的胸中燃起了追求卓越的炽烈火焰和成功的渴望，并决心开发自己的潜能，全力以赴塑造出崭新的形象，做一名真正优秀的演员。他坚信，只要像舞女那样永不放弃，迟早会成为日本家喻户晓的明星。

天道不负苦心入。不懈追求卓越的高仓健，终于迎来了电影生涯的转折点。

1957 年，高仓健遇到了两位艺术上的老师和伯乐，一位是影片《非常线》的导演牧野雅裕，另一位是影片《森林和湖的祭奠》的导演内田吐梦。这两位造诣极深的老导演，从当时似乎演技平平、不见起色的高仓健身上，发现了追求卓越的罕见个性、成功欲望和他隐藏着的艺术才华。牧野雅裕曾说："我从未见过有谁像高仓健这样追求卓越的，有如此强烈的成功欲望和艺术潜能。"在两位老师那里，高仓健学到了成为杰出演员的表演才能。

1964 年，高仓健在著名导演黑泽明编写的影片《加哥万和铁》中成功地塑造了个性鲜明、充满激情的男子汉形象。为了拍好这个角色，他冒着零下 20℃的严寒，只穿一条短裤跳进北海道刺骨的海水中。高仓健凭借着追求卓越的强烈欲望和顽强意志，在银幕上塑造的男子汉形象，不仅征服了日本的影迷，而且征服了世界各国的影迷。

追求卓越使人充实、向上。无论追求卓越的结局是成功还是失败，都是人生值得回味的生命乐章。

追求卓越，是学习和工作的最高目标和境界。一个人如果不把追求卓越当作自己的努力方向和奋斗目标，就难以激发奋发有为的斗志。高尔基说：一个人追求的目标越高，他的才力就发展得越快，对社会就越有益。所以，我们不管是在学习中，还是在工作中，都应该把追求卓越放在重要位置。

目标的定位

本田宗一郎在"二战"前原是个汽车修理厂的工人，当他还是工人时，就谋划着自己怎么创办一家生产运输工具的工厂。这个目标在心中一旦定位，他就倾其所有在战后自立门户，开了一家小摩托脚踏车组装工厂。

战后的日本经济十分萧条。虽然情况不太好，但本田宗一郎未曾因此而放弃过目标。他立下誓言："没有发动机，那么我们自己来研制，无论遇到多大的困难，也要把它做出来。有了发动机，才有我们摩托车的前途。"

经过反复研制，本田宗一郎终于克服了种种困难，成功地研制出了本田摩托车。随着日本经济的恢复和发展，本田摩托车的市场占有率已居榜首。

本田终于赢了。而支持他成功的"首要功臣"就是目标的定位。对目标的明确定位和不懈追求，最终促使他取得了事业的成功。

本田的成功告诉我们：一个人心中拥有了明确的目标，目标产生动力，有动力才有行动，行动成就事业。所以，对每一个渴望成功的人来说，都需树立明确的目标。制订目标，必须充分估计自身素质和所处的环境，切合自身实际，这样才能沿着正确的方向前进。否则，可能劳而无功。确定目标之后，就应抓紧时间付诸行动。如果你只是把目标拿在手中赏玩，那它什么也不是，甚至会变成一剂迷魂药，使你迷醉在幻想之中，碌碌无为。

楚王学射

春秋时候，楚国人养叔很会射箭，百步穿杨、百发百中。楚王拜他为师，按照他教的方法练了几天，以为自己已经学会了，就约养叔一块去打猎，想显示一下自己的本领。到了野外，人们把芦苇丛里的野鸭轰出来，楚王搭箭刚要射，突然左边跳出一只黄羊，楚王觉得射黄羊比射野鸭容易，便连忙瞄准黄羊。这时，右边又跳出了一只梅花鹿，楚王认为梅花鹿比黄羊有价值，又想射梅花鹿。到底射什么好呢？犹豫之时，突然一只老鹰从面前飞过，楚王又觉得射老鹰最有意思，就想向老鹰瞄准。可是，弓未张开，老鹰已经飞远了。此时，野鸭、黄羊、梅花鹿早已不知去向了。楚王拿着弓箭比画了半天，什么也没射到。

养叔在一旁看得真真切切，便对楚王说："要想射得准，就必须有专一的目标，不应当三心二意。在百步以外放十片杨树叶，要是我每次将注意力集中在一片杨叶上，我能射十次中十次；要是我拿不定主意，十片都想射，就没有把握能射中了。"

学习贵在目标专一、精力集中。不管学哪门功课，先确定学习的范围和先后次序。确定后，便集中心力，全力以赴，学成为止。此时，若为世事所干扰，禁不住各种诱惑，三心二意、心猿意马，必学不到真本领。这是其一。其二，学习知识，不能胡子、眉毛一把抓，要分个轻重缓急，先后有序。你不可能同时把所有的东西都学到手，就像射野鸭和黄羊一样，只能一只一只地射。

为了那个目标

一个男孩十几岁就打定主意要加入一个组织。他跑到圣彼得堡的克格勃办事处，一位官员告诉他，他们只招大学毕业生和复员军人，大学毕业生最好是学法律的。男孩于是决定报考圣彼得堡大学的法学系，以便日后加入那个组织。

大学入学考试时，柔道教练力举他去报考圣彼得堡金属工厂附属高等技术学校。根据他的成绩，他可以免试被保送，还能免服兵役。

柔道教练特意约见了男孩的父母，父母听了他的话有些动心，原先支持儿子考大学的想法开始动摇。于是，他们一起做孩子的工作。

小男孩陷入了被"两面夹击"的境地，训练场上，教练劝他，回到家，父母也劝他。

但这个小男孩太想加入克格勃了，他说："我就是要考大学，就这么定了……"

"万一考不上，你就得去当兵。"

"没什么可怕的，当兵就当兵。"他坚定地回答。

服兵役将会推迟加入克格勃，但总的来说，并不妨碍他实现自己的人生计划。

后来，这个男孩如愿以偿地考上了圣彼得堡大学法学系，毕业后加入了克格勃，他的人生由此跨入了一个新阶段。

这位立下远大志向并决不放弃的男孩，就是俄罗斯总统普京。

我们从小就要学会自己的事自己做主，自己的命运掌握在自己手里。一旦确立了自己的奋斗目标，就要毫不动摇地坚持下去，直至达到成功的彼岸。有时，亲人的劝告，朋友的担心，都是出自一种善良的意愿。但他们的意见代表了他们的观点，由于人的思想、认识和志向是不一样的，他们的观点未必就适合自己，只能作参考。重要的是，我们要坚定自己的信心，用自己的成功证明自己是正确的。

持之以恒

小王敏耐性不够，做一件事只要稍稍有点困难，就很容易气馁，不能锲而不舍地做下去。

一天晚上，他的父亲给他一块木板和一把小刀，要他在木板上切一条刀痕。当他切好一刀以后，他父亲就把木板和小刀锁在他的抽屉里。以后，每到晚上，小王敏的父亲都要他在切过的痕迹上再切一次。这样持续了好几天。终于到了一天晚上，小王敏一刀下去，就把木板切成了两块。

小王敏的父亲说："你大概想不到这么一点点力气就能把一块木板切成两片吧？你一生的成败，并不在于你一下子用多大力气，而在于你是否能持之以恒。"

做大事情，不是一朝一夕就能做到的，需要持之以恒的精神，要付出许多时间和代价，甚至一生的努力。朝着你确定的目标持之以恒、锲而不舍地走下去，这便是实现目标的办法。

想当船长的孩子

李嘉诚童年的大部分时光，是在一个狭小的小书房里度过的。这个面积虽小但藏书却非常丰富的小书房是李家的小书库，里面集中着李嘉诚那些知识渊博、学问深厚的父亲、伯父、叔父以及祖上传下来的藏书。

在父亲李云经的允许下，每天放学以后，他就像一只勤劳的小蜜蜂，悄悄飞进小书房。他太爱看书了，书就是他的精神世界，书里那么详细地告诉他许多从来就不知道的事物，那么认真地告诉他为人处世的道理。他如痴如醉地看书，海阔天空地思考着天南地北的问题。在这个小书房里，父亲一次又一次不厌其烦地向他解释着书里的学问。更令李嘉诚难忘的是父亲陪他灯下一起夜读，随时答疑，给他讲生活的道理，激励他精通学问，树立远大理想。

一天，李云经带着儿子李嘉诚到了汕头的海边。他一边指着港口内来往如梭的巨轮，一边给李嘉诚讲生活的道理。但是，年幼的李嘉诚对父亲讲的生活道理并没有放在心上，反而对停靠在码头的巨轮产生了兴趣。他觉得这么大的轮船可以稳稳当当地在海上航行是非常不可思议的。于是，他指着大船对父亲说："爸爸，我将来也要做大船的船长！"父亲高兴地对儿子说："好样的，真有志气！但是，做一个船长非常不容易，他必须考虑很多问题，思考必须很全面。"父亲把手放在李嘉诚的肩膀上，说："你看，现在天气很好，船只在海中航行就比较安全。但是，如果出海后，风暴来了怎么办？做船长的人，就得提前想到这种情况，提早做好一切准备工作。其实，做任何事情都要像做船长一样，预先考虑周全，随时准备应对一切问题。"

李嘉诚望着父亲，很懂事地笑了。

李嘉诚从小树立了做船长的志向，并向着这个目标而不断努力。虽然，他最终没有做成船长，但他一直以船长的意识去经营他的公司和人生。他喜欢把自己的人生比作一条船，喜欢把自己的李氏王国比作一条船。他曾经自豪地说："我就是船长，我就是这条航行在波峰浪谷中的船的船长。"

童年是树立志向的最佳时期，孩子充满着对未来的美好憧憬和向往，这种志向将推动他们奋斗不息。自古英雄出少年。少年时期，记忆力最好，最少保守思想，接受新事物快，正是学知识打基础的大好时光。我们要从小立下志向，刻苦成才。少壮不努力，老大徒伤悲，这句名言正是前人经验和教训的总结，更是对后人的忠告。

三 乐观向上，有希望的人才会成功

有一些人同许多人相比，取得的成绩更大，拥有许多真心朋友，整天乐哈哈的，身体也很棒。而同他们相反的是，又有许多人整日愁眉苦脸的，只知道被动地去做事，总是抱怨命运的不公，似乎天生就是苦命人。同在蓝天下，这两种人为什么有这么大的区别呢？其秘密，就是一个乐观，一个悲观。乐观向上的人，对未来饱含信心，做事充满乐趣。做一个乐观的人，生命才会越来越精彩。

活下去的秘密

有一个名叫达美一夫的人，十多年前，得了一场大病，当他康复以后，却发现又得了肾病。他去找过好多医生，但谁也没办法治好他。之后不久，他又患上了另一种病，血压也高了起来。

当他去看医生时，这位医生说他已经没多大指望了，患这种病的人，加上这么大的年纪，离死亡恐怕不会太远，他建议达美一夫最好早点料理后事，不然就来不及了。

达美一夫只好回到家里，他打听自己所有的保险全都已经付过了，又把所有债务都弄清楚，然后再向上帝忏悔自己以前所犯过的各种错误，坐下来很难过地默默沉思。他的夫人和子女看到他那种痛苦的样子，心里感到非常难过，他自己更是深深地陷入了悲观情绪。

这样过了几天，达美一夫忽然对自己说：你这样子简直像个傻瓜，你为什么要自讨没趣？你在一年之内恐怕不会死，那么趁你现在还活着的时候，为何不快乐一些呢？

于是，他挺起胸膛，脸上开始绽出微笑，试着让自己表现出很轻松的样子。开始的时候，他极不习惯，但是他强迫自己很快乐。接着他发现自己开始感觉好多了……几乎跟他装出的一样好。这种改进持续不断。他原以为自己就要躺在坟墓里了，但现在他不仅很快乐、很健康，活得好好的，而且，他的血压也降下来了。

"有一件事我可以肯定的是：如果我一直想到会死、会垮掉，那位医生的预言就会实现。可是，我给自己的身体一个自行恢复的机会，别的什么都没有用，除非我乐观起来。"如今，达美一夫总是自豪地说。

达美一夫之所以活到今天，是因为他发现了乐观这个秘密。人们看同样的事物会有不同的理解，是正面的还是负面的，这要取决于个人的情商。有时候，个人的心态往往决定了事情的结果。只要树立快乐的心态，在做事情时，我们就会自动挥去心头的阴云，让自己迷蒙的心灵不再悲伤。

好事和坏事

从前，非洲丛林里有一个小国。一天，该国国王召见宰相来商议事情，适逢天下大雨，国王便问宰相一个问题："爱卿，你说下雨是好事还是坏事啊？"

宰相说："臣认为是好事！这样的天，陛下正好可微服私访啊。"

过了一些时日，天下大旱，国王又问宰相："爱卿，你说大旱是好事还是坏事啊？"

宰相说："臣认为也是好事！陛下正好可以微服私访啊。"

一天，国王出去打猎，在追逐猎物的途中不小心从马上摔下，把一节食指弄断了。剧痛之余，国王立即召来宰相，问他断指是好事还是坏事。宰相不慌不忙地对国王说："陛下，我认为是一件好事。"国王以为宰相出言讽刺他，勃然大怒，命人将他关进监狱。

伤口痊愈后，国王又兴致勃勃地四处打猎，不料却误闯一个土著部落的边境，被一群土著抓住了。依照部落的惯例，活捉的人马首领必须献祭给他们的神，于是就抓了国王放到祭坛上。正当祭奠仪式开始，主持巫师突然发现国王断了一截手指，按照部落的律例，献祭不完整的祭品给天神，会遭天谴的。那些土著连忙将国王放下祭坛，驱逐他离开，而把另一位随从的大臣抓了献祭。

国王狼狈回朝，庆幸自己大难不死，忽然想起宰相的话，便把他从牢里放出，并向他道歉。然后，国王问："爱卿，我将你打入大牢，是好事还是坏事呢？"

宰相微笑着说："当然是好事。陛下把我下到牢中，我还要感谢你呢。"

国王问："为什么呢？你说我断指是好事，如今我能接受，那说我把你下到牢中受苦，这难道也是好事吗？"

宰相回答道："臣在牢中，当然是好事，陛下请想一想，今天臣若不是在牢中，那陪陛下出猎的会是谁呢？"

国王笑起来："高哇！"

从某种角度来说，凡事有利也有弊，要善于从积极的角度去考虑问题。当我们遇到好事时，不必过于狂喜；当我们遇到坏事时，也不必过于悲伤，要始终保持一颗平常的心，始终把微笑挂在脸上，"不以物喜，不以己悲"，这才是做人的最高境界。

性格改造

一位父亲打算对他的一对孪生儿子进行"性格改造"，缘由是其中一个儿子过分乐观，而另一个儿子则过分悲观。改造的方法：他买了许多色泽鲜艳的新玩具给悲观的儿子，又把乐观孩子送进了一间堆满马粪的围栏里。

没过多久，这位父亲开始检查他的实验结果。他首先看到那个悲观的儿子此时正泣不成声，便问："孩子，你为什么不玩那些好玩具呢？"

"玩了就会坏的，"这个儿子仍在哭泣，"过去我的玩具都是玩坏的，坏了就会可惜的。"

父亲叹了口气，走进有马粪的围栏，却发现那位乐观的儿子此时正兴高采烈地在马粪里掏着什么。

"告诉你，爸爸。"那儿子得意洋洋地抢先开口了，"我想你一定在马粪堆里藏着什么好东西吧，我一定要把它掏出来！"

乐观者与悲观者之间，其差别是很有趣的：乐观者在每次危难中都看到了机会，而悲观的人在每个机会中都看到了危难；乐观者看到的是油炸圈饼，悲观者看到的是一个窟窿。可见，快乐与否与心态有关。因此，我们要用积极的心态去对待生活和事物，发挥自己的想象力，塑造想象中的美好生活，沉浸在想象的快乐世界中，而不是相反。

教训

有一个商人想从两个儿子中选择一个做生意的继承人，就给了他们每人一枚金币，让他们骑马到远处的一个小镇上，随便购买一件东西。而在这之前，这名商人命人偷偷地把他们的衣兜剪了一个洞。

中午，两个儿子回来了。其中大儿子闷闷不乐，小儿子却兴高采烈。商人先问大儿子："发生了什么事，让你这样忧愁？"大儿子泪流满面地说："我的金币丢了，什么也买不着了！"商人又问小儿子："你一定买到了重要的东西吧，不然你为什么这样兴高采烈？"小儿子说："父亲，你没有说错。我用那枚金币买到了一笔无形的财富，足以让我受益一辈子，这个财富就是一个很好的教训：在把贵重的东西放进衣袋之前，要先检查一下衣兜有没有洞。难道不是吗？"

乐观者所想的是可能做到的事情，由于把注意力集中在可能做到的事情上，所以往往能够心想事成。悲观者的眼光总是专注在不可能做到的事情上，到最后他们只看到了什么是没有可能的。

考察

某国两家最大的鞋厂为了开发海外市场，分别派业务员前往非洲考察当地的需求量。不久，两位业务员回来了，结果却大相径庭：甲厂的业务员立刻晋升为主管，乙厂的业务员却从此被冷落在一旁，不仅没有得到提拔，反而失去了一笔奖金。同样去非洲考察，为什么得到的待遇却不同呢？

原来，乙厂的业务员，到了非洲后，很快就发回了一封令人失望的电报。电报的内容是："没指望了！这里的人太穷，平时都不穿鞋子，建议不要考虑非洲市场。"

而甲厂的业务员到了非洲，很快却发回了一封兴致勃勃的电报，内容则是："虽然这里的人都不穿鞋，但却给我们提供了开发市场的机会。建议立即组织宣传团来这里讲解穿鞋的好处，同时大力推广我们的鞋子，一定要迅速占领先机。"

同样的事，以不同的态度去看待，就有不同的结果。一味抱怨的悲观者，看到的总是灰暗的一面，即便到春天的花园里，他们看到的也只是折断的残枝，墙角的垃圾；而乐观者看到的却是姹紫嫣红的鲜花，飞舞的蝴蝶，自然，他们的眼里到处都是春天。在乐观中撷取一份坦然，我们的面前就会生机盎然；若在悲观中摘下一片阴郁的叶子，只能瓦解我们积蓄的力量。

拿破仑的故事

拿破仑在一次与敌军作战时，遭遇顽强的抵抗，队伍损失惨重，形势非常危急。他自己也因一时不慎掉入泥潭中，被弄得满身泥巴，狼狈不堪。但他浑然不顾，内心只有一个信念，那就是无论如何也要打赢这场战斗。只听他大吼一声："冲啊！"他手下的士兵见到他那副滑稽模样，忍不住都哈哈大笑起来，但同时也被拿破仑的乐观所鼓舞。一时间，战士们群情激昂、奋勇当先，终于取得了战斗的最后胜利。无论在任何危急的困境中，都要保持乐观积极的心态。你的自信，可以感染到无数接触到你的人。有没有乐观自信的态度也直接影响到人的一生的成败与否。

拿破仑的故事说明了这样一个道理：在人生的旅途中，乐观者永远向前看，向前走，大步流星，并且乐观的情绪可以传染给身边的人，鼓舞他们勇往直前，获得胜利。

沙滩

一位美国旅行者到了非洲北部，他穿着泳装在撒哈拉大沙漠游玩，一群非洲土著好奇地盯着他，不知道他为什么到了沙漠还穿着这身装束。

"不明白是吗？"这位旅行者笑道，"告诉你们，我打算去海里游泳的。"

"天啊，海洋离这里远着呢，大约在 800 千米以外呢。"非洲土著人吃惊地提醒道。

"才 800 千米！"旅行者高兴地说，"好家伙，多大的海滩啊，太棒了！"

在悲观的人眼里，沙漠是葬身之地，800 千米太遥远了，遥远得令人看不见尽头；而在乐观的人眼里，沙漠只是海滩，是海洋的一部分，800 千米海滩不是障碍，而是享受。

有一个经典的比喻，是说甘蔗的，乐观的人如果从蔗头吃起，他会想现在吃的总是最甜的；如果从蔗尾吃起，他会想现在吃得越来越甜了。悲观的人如果从蔗头吃起，他会想现在吃得越来越不甜了；如果从蔗尾吃起，他会想现在吃的总是最不甜的。可见，明明是同一件事，乐观的人与悲观的人处理起来，结果会有巨大差别。土著人和旅行者的态度不同，实际上就是两种不同的心态：一种是悲观的、消极的，一种则是乐观的、积极的。

上帝所赐多于所求

不久前，我和朋友在一起聊天。这位朋友是一个乐观开朗的人，一天到晚笑呵呵的，看得出来从小家境很好。朋友说起自己父亲的一些往事：20 岁之前，他的家境的确不错，然而在他 20 岁的时候，父亲却因故隐姓埋名出走了，从此杳无音信。朋友说永远记得父亲离开那一天的情景，他和妹妹在家，父亲什么都没带，说娃儿我出去一下，然后就再没回来。朋友说这句话的时候，没有了平时快乐的表情，也不是痛不欲生，只是眼神一下子黯淡了下去，突然之间很落寞的样子。

朋友说，他这辈子恐怕永远不再有机会见到父亲了，连父亲在不在这个世界上都不知道。我说，20 年以后，或许你们还是有机会再相见的。朋友说，爸爸身体不太好，20 年之后他都过 70 了，不知道还在不在这个世界上啊。我说，也许他已经回来远远地看过你和你妈妈很多次了，只不过是他不敢出来见你们而已。朋友说，他不会的。

这个时候我突然无语了。一直以为自己的遭遇是很多人没经历过的，以为自己是世界上很少的那种经历坎坷的人。可是听到朋友这些话，我想起了大学时候老师说过的那句话：皇帝有皇帝的苦恼，乞丐有乞丐的快乐。我对这句话有了更深的体会。是啊，其实每个人在这个世界上都有自己不为人知的痛苦和悲伤，每个人活着都不容易。就如朋友，20 岁之前一直在蜜罐里面长大，突然之间遭遇这样的变故，生活就像拐了一个大弯，可是从表面上却看不出来。

有一段时间，我一直在想巴西球星卡卡在获得世界足球先生大满贯的时候说过的一句话：圣经上说，上帝所赐多于你所求。我想，这句话的意思就是要求我们有一个乐观的心态，要求我们坚信，所有这一切都是上帝安排好的，是我们必须经历的一些东西，可是上帝让我们失去一些东西，遭受一些苦难，但给予我们的会更多。而我们，需要的是乐观地去面对。

皇帝无所不有吧，但皇帝有皇帝的苦恼；乞丐一无所有吧，但乞丐却有乞丐的快乐。从表面上看，这个道理似乎很容易理解，但要细细品味其中的深意，恐怕不是很简单的事，需要经历许多事才能理解。不过，我们只要认准一个理儿：只有乐观，我们才会有更多的快乐；只有乐观，才会更幸福地活着。

四 当机立断，有主见才能做大事

有主见，就是对事情有自己确定的主意。小时候，家庭是我们的大树，父母是我们的靠山，我们相信父母，一切按父母的意志行事。久而久之，我们就会形成依赖的习惯。所以，我们要从小学会自立，自己的事自己做主，自己的未来自己安排。生活中，那些有主见，能自理的孩子，都是有能力、有信心的孩子，他们是我们学习的榜样。

做自己的主人

1943 年，正是第二次世界大战的中期。此时，整个英国的校园里弥漫着战争的气息。学生们不可避免地为打败德国法西斯而从事着种种激动人心的活动，学习就成了次要的任务。但这没有动摇撒切尔·玛格丽特上牛津大学的决心。还是在玛格丽特刚满 17 岁的时候，有一天，她走进新来的女校长古丽斯小姐的办公室说："校长，我想现在就去报考牛津大学的萨默维尔学院。"

女校长皱着眉头说："什么？你现在连一节课的拉丁语都没有学过，怎么去考牛津？"

"拉丁语我可以学嘛！"

"你才17岁，而且还差一年才能毕业，你必须毕业后再考虑这件事。"

"我可以申请跳级！"

"绝对不可以。"

"你在阻挠我的理想！"玛格丽特头也不回地冲出了校长办公室。

回家后，玛格丽特耐心说服父亲支持她的想法，开始了艰苦的复习和备考。由于从小受化学老师影响很大，同时又想到大学学习化学专业的女孩子几乎比其他任何学科都少得多，这样，玛格丽特选择了化学专业。在提前几个月得到高年级学校的合格证书后，她参加了大学考试。经过耐心的等待，她终于等到了牛津大学的入学通知书。

把握自己的命运，可以使我们独立而强大，可以激发出我们无比的斗志和力量。自助者天助，只有敢于向命运挑战的人，敢于与命运作斗争的人，才能真正地把握自己的命运，也才能获得他人的支持与帮助。自己就是自己，我们是独一无二的，在这个世界上没有人能陪伴我们一生一世，没有人能支配我们的命运。当我们敢于自己做主时，当我们真正对自己负责时，我们就会变得无比强大，我们也就迈开了走向成功的第一步。

骑驴的人

在一个炎热的下午，一位父亲带着他儿子和一头驴走过满是灰尘的街。

父亲骑在驴上，儿子牵着它走。"可怜的孩子，"一位路人说道，"这个人怎能心安理得地骑在驴背上？"

父亲听到之后，就从驴背上下来让儿子坐上去。但走了没多久，又一位路人的声音传来："多么不孝！可怜的老父亲却在一旁跟着跑。"小孩子听了之后连忙让父亲也坐在驴背上。

"你们谁见过这种事?" 一位妇女说道, "这么残酷地对待动物, 可怜的驴子的背在下陷, 而这个老家伙和他的儿子却悠然自得。"

父子俩闻言, 只好从驴背上爬下来。但是, 他们徒步走了没多远, 又一个陌生人笑着说: "我才不会这么蠢, 放着好好的驴不用, 却用脚来走。"

最后, 人们看到这对父子俩抬着这头驴从街头走过。

如果我们一味地听信别人的议论, 就会失去自己的判断, 最后不知所措, 以致一事无成, 就像这对父子一样。所以, 我们要学会凡事自己拿主意, 用自己的大脑去思考、去判断、去决定。一旦决定了, 就坚定地干下去, 而不要过多地在乎别人的意见, 特别是那些不负责和信口开河的意见。学会自己动脑, 养成自己拿定主意的习惯, 是培养我们自立、自理能力的重要方面。

从穷教士家庭走出来的巨人

巴甫洛夫的父亲是一个神父, 在当地很受人们的尊敬。在小巴甫洛夫的心目中, 父亲很了不起, 能解除人们心灵的痛苦。于是, 他曾经一度希望自己长大后成为父亲那样的人——用神赋予的力量去解除别人的痛苦。这也是家里人对他的期望。因此, 他进入一所神学院学习。

但是, 有一件事使他对上帝和神学产生了怀疑。

一次, 父亲被人请去做祈祷, 巴甫洛夫缠着要去。这次, 父亲是给一个快要死去的孕妇做临终祈祷。孕妇因为消化不良而快要死去了。她的肚子很大, 痛苦得在床上大声呻吟。看到这种情景, 巴甫洛夫静静地站在一个角落里, 听着父亲祈祷, 希望父亲的祈祷能解除病人的痛苦, 甚至能让这个孕妇和她的孩子活下来。但是, 父亲的祈祷并没有起到作用, 孕妇和那个未出世的孩子一起死了。

从病人家里出来后，他问父亲："爸爸，您能让她的病好吗？"

"不能。"爸爸回答。

"那有人救得了她吗？"

"那是医生的责任。我只拯救她的灵魂，她和自己的孩子去见上帝了，从此以后不会再有痛苦了。"

对于父亲的话，巴甫洛夫似懂非懂。他想：上帝为什么不让她在这个世界上多待几天呢？她死前为什么这样痛苦呢？"那是医生的责任"，父亲的话一直在他脑子里盘桓。

巴甫洛夫的父亲读书的兴趣很广泛，他除了读神学书籍，也喜欢非宗教神学内容的书刊，其中有各种自然科学的著作，也有民主主义者的革命刊物，为此，他被当地的教徒、教士们指责为"自由思想家"。父亲的嗜好给孩子树立了榜样。父亲的破书架成了巴甫洛夫接触社会与自然知识的起点。十三四岁时，巴甫洛夫在家中的破书架旁广泛阅读了俄国的许多进步书刊，使他的知识大增，眼界大开，思想上也发生了很大的转变，他开始崇尚自然科学与民主精神。

15岁时，巴甫洛夫在旧书架上翻到了英国生理学家路易士的一本著作《日常生活的生理学》，这本通俗读物中的内容深深吸引了少年巴甫洛夫，激起了他对生理学的极大兴趣。从此，巴甫洛夫便和生理学结下了不解之缘，他将那本小册子像藏宝贝一样珍藏了一生。

巴甫洛夫决定放弃神学，改学生理学。当他把这个决定告诉父亲时，开明的父亲并没有因为儿子有违自己的初衷而斥责他。相反，父亲十分尊重他的选择。

"这样也好，那你等在神学院毕业后再转学吧！"父亲建议说。

"我不能浪费时间了，爸爸，我有很多事情急着要知道。"巴甫洛夫坚定地回答。

"你急着要知道些什么呢？"父亲问。

"我特别想知道，人体的构造是怎样的。"

"你为什么想要知道人体的构造呢?"

"为了帮助人,使人类变得更健康、聪明而又幸福。"巴甫洛夫热烈地回答。

"你很有胆量,你的想法更是勇敢。这个理想你能实现得了吗?"父亲关切地问。

"我已经下定决心了,爸爸,我会下苦功的。"父亲明白儿子的话是经过深思熟虑的,于是立即站起来,高声说:"好吧,爸爸祝你成功!"

一个穷教士家庭,就这样培养出一个科学巨人。

能够自己作出决定的孩子,有判断力和自主能力,如果能赢得父母的理解和尊重,必将快速成才。虽然亲子之间有血缘关系,但两个人却是两个独立的个体,认识事物和思考问题的方法都是有区别的,我们应该从小学会不完全按大人的意志行事,也不接受大人强加在我们身上的要求,要勇敢同那些强迫行为进行理性的反抗。当然,前提是我们所坚持的东西必须是正确的。

放弃最初的意愿

李宁是世界体坛上一颗璀璨夺目的明星。最初,李宁的父亲并没有打算让他学体育。父亲是一名小学教师,收入不高,家境贫寒,但父亲对幼年的李宁寄予了很大的希望,一心要把儿子培养成音乐家。为此,父亲经常有意让他听音乐,亲自教他练声学琴,甚至还经常为儿子举行家庭音乐会,父亲希望通过这些方式熏陶孩子。

尽管费了不少工夫和努力,结果却不尽如人意。父亲失望地发现,小李宁的音乐水平并没有多大长进,而且学琴时心不在焉,放学后不知去向,很晚才回家,根本没有把学琴当一回事,甚至有些厌倦。对此,父亲真有恨铁不成钢的感受。

一天，父亲来到儿子读书的学校，看到李宁趴在体操室的窗台上目不转睛地往里看，然后又跑到操场的沙地上翻起跟头来。父亲看得很仔细，跑过去抱住李宁问道："宁宁，你想练体操吗？"李宁用力点了点头："是的，爸爸，让我练体操吧！"父亲看着儿子那期待的目光，陷入了沉默。

此时，父亲的心情不免有些悲哀，他一辈子幻想当音乐家，始终没有如愿，只好把希望寄托在孩子身上，没承想，儿子的兴趣却根本没有在音乐上面。如今，美梦虽然破灭了，但他并没有绝望，因为他已经在痛苦中醒悟——音乐乃人之心声，勉强不得，与其拉牛上树，不如放之青山。于是，他把大腿一拍，说："好，我支持宁宁学体操。"

从此，李宁，这颗世界体操的巨星冉冉升起了。后来，在李宁获得巨大成功后，有记者问他最感谢的人是谁，他毫不犹豫地说："是我的父亲。假如他没有放弃初衷，也就没有我的现在！"是啊，今天全世界的人都可以证明李宁的天赋在体操，如果当初他的父亲固执己见，非让他学习音乐不可，其结果他不但当不了音乐家，而且也埋没了一颗体操新星。

假如李宁的父亲当初没有放弃初衷，而一味地坚持要孩子学音乐，那么结果可能就是：社会多了一个三流的音乐工作者，少了一个优秀的体操明星。可见，家长对孩子前程的影响有多大。同样，如果李宁没有坚持自己的理想，没有学体操的决心和信心，他也不会走上体育之路。

为自己作选择

朱棣文是著名的华裔物理学家。他的家族先后出了 12 个博士和硕士，父亲朱汝瑾是当代科学家，母亲李静贞也卓有建树。他从小就是在这样的环境下成长起来的，因而很早就对科学表现出浓厚的兴趣。

在幼儿园毕业的那个夏天里，小朱棣文应邀参加一个小朋友举办的建造塑料模型飞机和军舰活动，从此爱上了这种培养动手能力的活动，到小学四年级时，他已达到了"装配工"水平。在他卧室的地毯上，金属"梁"和小螺母、螺杆散落一地，都围绕在一些半成品周围。稍大一些后，他又喜欢上了化学游戏，对火箭和火药也产生了极大兴趣。不久，又把兴趣点转到了测量邻居的土壤酸碱度及其所缺少的营养成分上。

读中学时，朱棣文对物理和微积分产生了极大的兴趣。朱棣文非常喜欢这两门课。特别是物理老师常把复杂、枯燥的概念和问题简单化，甚至有时候还改编成故事，并说物理是学习如何处理最简单的问题。老师的讲解深深地吸引了朱棣文，他开始了对物理学领域的探索，并在高中最后一个学期里动手做了一个物理摆，用它"精确地"测量了引力。

不过，父亲却不愿意儿子学物理。小时候，朱棣文对画画很感兴趣，画得很有灵气，在学校里是出了名的。父亲知道后，非常高兴。因为他希望儿子将来不要继承家族传统，争当科学家，而改到非常实用的建筑行业上来。画画正好可以派上用场。"好好画，将来好做个建筑师。"父亲鼓励他说，"搞建筑，工作稳定，收入也高，也非常体面。"

"建筑师？爸爸，我不想搞建筑，我想做一名物理学家。"小朱棣文说。

"学物理学是很难生存的，"父亲严肃地说，"这个工作又苦又累，收入也不高。我不希望你走这条路。"

"不，爸爸。我喜欢学物理，我管不了那么多。"小朱棣文认真地说。

父亲沉默了。他想，儿子还小，以后会明白该如何选择职业。

　　如今，看到儿子不仅没有按自己的希望改变职业选择，反而对物理更感兴趣了，成天沉迷于和物理相关的书籍中，有时还会自己动手试验一下，经过认真思考，父亲不再反对了。他对儿子说："既然你选择了物理，并对它很用心，爸爸就不再坚持自己的要求。不过，你必须在这个领域有所建树，甚至超过我们家族的任何人。这是爸爸对你的新的期望。"

　　"爸爸，你放心，我会努力做的。"朱棣文坚定地说。

　　看到儿子很坚决，也很有信心，父亲也高兴起来："好吧，爸爸全力支持你。"

　　人的兴趣、爱好和才能本来就各不相同，我们适合做什么就做什么，人生的路要自己去走。成功的家庭教育，应是家长舍得拿出时间跟孩子以平等的态度进行对话、交流，对孩子正确的想法和行为给予充分肯定，让孩子在尊重和鼓励中成长。想想看，在家里，我们是不是做到了和父母平等地协商？

因为信念

　　有三个人，在地震来临时正在地洞里。当地动山摇的那一刻，他们在发出惊叫之后，离门口最近的那个人最先向外面逃窜，然后是第二个，然后是第三个。但是，当第二个人被轰然的土压倒时，第三个人也没能跑出去，而是连同厚厚的土同时压在了前面人的身上。

　　最后的那个人是幸运的，靠稀薄的仅有的一点空气使他得到了短暂的生命。但是，那点空气显然不够他维持生命，他在死亡的边缘挣扎，这时，有一种坚强的信念一直支撑着他，那就是他以为第一个人一定成功地逃走了，并且，他会很快喊来救援人员。

　　他奋力地挣扎，奋力地用手刨着土，以尽可能获得生还的机会。就这样，一直过了十几个钟头，在他已经奄奄一息时，他听到了救援的脚步和嘈杂的声音，这时的他已经没有喊叫的力气了。

他终于被人们用手挖了出来，他被挖出来的那一刻，便彻底失去了知觉。但他终于成功地活了下来。

医生说："在那样稀薄的空气中，能够存活半个小时就已经是奇迹了。"

人们问起他时，他说，他真的以为第一个人逃生了，他相信逃生的人一定会来救他。而实际上，第一个和第二个人都没有跑出去就死了。

如果不是那个信念，这位活下来的人一定不会坚持那么久，如果他放弃了希望，他可能早就被死亡的魔鬼带走了。由此可见，信念是支撑我们生命的力量，是战胜困难的法宝，是成功的方向标。

自己说了算

加拿大女演员斯达妮在 22 岁的时候，已是个颇有名气的演员了。有一次，她决定去参加一个集会，但她的经纪人阻止她：今天天气不好，只有很少人参加这次集会，会场的气氛会有些冷淡，不宜去。经纪人的意思是：斯达妮刚出名，应该把时间花在一些大型的活动上，以增加自身的名气。然而，斯达妮坚持参加这个集会，因为她在报刊上承诺过要去参加。"我一定要兑现诺言。"结果，那次在雨中的集会，因为有了斯达妮的参加，广场上的人越来越多，她的名气和人气因此而骤升。后来，她又自己做主，离开加拿大去美国演戏，从而闻名全球。

人的一生，很多事情要求我们自己拿主意，别人的话只能是参考，这样你才是一个独立的人。一个独立的人，才配得上一个真正的人。当然，自己拿主意并不是一意孤行，而是忠于自己，相信自己，对自己有信心。同时，拿定主意就要坚持到底，不要太在意别人说什么，路在自己的脚下，如何去行走要自己拿主意。

五 积极热情，成功离不开阳光心态

有道是：你的心态是什么样子，你的生活就会成为什么样子，你的命运就会成为什么样子。心态决定我们今后的路和奋斗目标是否成功。譬如读书，如果你读书的目的是为了找个好工作，其结果也就是进入一个好部门、好单位、好企业罢了；如果你读书的目的是为了赚大钱，也许你就会选择高收入的行业，或当个老板。所以，我们要保持阳光心态，争取一个成功的人生。

走不近的地平线

宾宾最喜欢的事，就是骑上自行车，在大路上狂奔。这时正是秋天，庄稼被收割了，空旷的原野上散落着一些树丛、沟壑和矮屋。差不多一抬头，就看见远远的地方，天和地是相接的。在天地相接处是一道很亮的灰白色的线，有树丛在那里起伏着。

"啊，我要骑到天的尽头！"宾宾兴奋地喊。

他使劲地蹬着，拼命地向那树丛奔去。好长时间后，他才赶到树下，但天地又依然平行，在远远的地方，又有一片矮屋，天地相接了，又出现了那道很亮的灰色的线。

一个老奶奶迎面走来，迈着小步，却十分有精神。

"老奶奶，你是从天边来的吗？"宾宾问。

"天边？"老奶奶不解。

"就是那一道很亮的灰白色线的地方。去那儿还远吗？"

"哦，你说的是那个地方。孩子，那是永远走不近的地平线啊。"

"地平线是什么？"

"不太清楚，也许是一个问号吧。"

宾宾以为老奶奶是在骗自己，就又对准那一道很亮的灰白色线上的矮屋奔去。然而，他又失败了，矮屋那里天地依旧平行，在远远的地方又出现了那一道地平线。

宾宾一屁股坐在地上，咀嚼着老奶奶的话，想这地平线，真是一个谜呀。正因为是一个谜，他才要去解，跑了这么一程。它是为了永远吸引着他以及和他一样感兴趣的人去了解吗？

从那之后，宾宾一天天长大起来，踏上社会，虽然偶尔会有艰辛和困惑，但他却记住了这个地平线，没有在生活中沉沦下去。

地平线，意味着我们的希望。希望是美好的，也充满着迷人的诱惑，支撑着我们的生命过程。但希望之路却是漫长的、坎坷的，当我们看到一个希望时，新的希望又在向我们招手，引导我们继续朝新的目标走去。所以，我们要永远高举希望的明灯，只要希望在，我们的奋斗就不会停止，我们的力量和信心就不会枯竭，我们的生命就不会沉沦。

制胜法宝

李维斯和其他许多淘金的美国人一起，到西部去碰碰运气。一日，他发现有一条大河挡住了他的路，正是雨季，河水越来越深。苦等数日，被阻隔的行人越来越多，但都无法过河。于是陆续有人向上游、下游绕道而行，也有人打道回府，更多的则是怨声一片。面对这样的局面，李维斯想起了一位教授传授给他的"思考制胜"法，那是一段话："太棒了，这样的事情竟然发生在我的身上，又给了我一个成长的机会。凡事的发生必有其因果，必有助于我。"于是他来到大河边，"非常兴奋"地不断重复着对自己说："太棒了，大河居然挡住我的去路，又给了我一次成长的机会，凡事的发生必有其因果，必有助于我。"很快，他真的有了一个绝妙的创业主意——摆渡。没有人吝啬一点小钱坐他的渡船过河，迅速地，他人生的第一笔财富居然因大河挡道而获得。

当行人陆续过河后，摆渡生意开始清淡。李维斯决定放弃，并继续前往西部淘金。来到西部，四处是人，他找到一块合适的空地方，买了工具便开始淘起金来。没过多久，有几个地痞无赖围住他，叫他滚开。好容易找到另一处合适地方，没多久，他又被人轰了出来。在历经欺侮之后，他又一次想起了制胜法宝："太棒了，这样的事情竟然发生在我的身上，又给了我一次成长的机会，凡事的发生必有其因果，必有助于我。"他真切地、兴奋地反复对自己说着，终于，他又想出了另一个绝妙的主意——卖水。

西部不缺黄金，但似乎自己无力与人争雄；西部缺水，可似乎没什么人能注意到这一点。不久他卖水的生意便红红火火。慢慢地，也有人参与了他的新行业，再后来，同行的人已越来越多，生意也就越来越清淡，李维斯不得不再次接受现实。他开始调整自己的心态，再次强行让自己兴奋起来，不断对自己说着："太棒了，这样的事情竟然发生在我的身上，又给我一次成长的机会，凡事的发生必有其因果，必有助于我。"

很快，他发现来西部淘金的人，衣服极易被磨破，同时又发现西部到处都有废弃的帐篷，于是他又有了一个绝妙的好主意——把那些废弃的帐篷收集起来，洗干净，就这样，他缝成了世界上第一条牛仔裤。从此，他一发不可收拾，最终成为举世闻名的"牛仔大王"。

"太棒了，这样的事情竟然发生在我的身上，又给了我一次成长的机会，凡事的发生必有其因果，必有助于我。"这是阿Q的精神胜利法吗？不是，它是一种心态，一种面对生活、面对挫折的一种积极心态。面对挫折，是自暴自弃，让自己沉沦下去，还是把每一次挫折当作一个新的起点、新的机会？如果持前一种心态，永远不会成功；如果持后一种心态，成功的希望也就不会遥远。

可怕的实验

在二战期间，德国的纳粹分子曾进行了一次触目惊心的心理实验，他们声称将以一种特殊的方式处死人，这种方式就是抽干人身上的血液。

实验那天，他们从集中营挑选出来两个人，一个是牧师，另一个是普通人。纳粹士兵将两人分别捆绑在床上，用黑布蒙住双眼，然后将针插进他们的手臂，并不时地告诉他们："现在，你已经被抽了多少升血了，你的血将在多少时间内被抽干！"

其实，纳粹士兵并没有真的抽干他们的血，而只是在他们的手臂上插进了一支空针头。结果，普通人的面部不断抽搐，脸色变得惨白，渐渐地在惊恐万状中死去。显然，这位普通人内心充满了恐惧，恐惧的心理使他心力衰竭，导致了死亡。而那位牧师却始终神情安详，死神没有夺取他的生命。

事后，人们问这位牧师当时想些什么，他说："我的内心很平静，我不害怕，我问心无愧，即使死了，我的灵魂也会进入天堂！"

心理学家认为，人的心灵会接受不管多么荒谬的暗示，一旦接受了它，心灵就会对之作出反应。人的理智接受事实，而心灵则接受暗示。如果给心灵以积极的暗示，心灵就会呈现积极的状态；如果给心灵以消极的暗示，心灵就会呈现消极的状态。可见，在某种情况下，你的心态好，就可以选择生；如果心态不好，就只能选择死了。

祸根

大武收到了一张最满意的年历，上面印着从 2000 – 2011 年共 12 年的日历。

"太好了！我有一份可以用 10 年以上的年历，这还是头一回看到呢！"大武夹着卷成筒状的年历回到了家。

老婆却发愁了："这么大的年历往哪儿挂呢？"

房间的墙壁几乎全被家具挡住了，连孩子的房间也贴满了歌星的大照片。

"没法子，挂到卫生间的墙上吧。"

虽说不是理想的位置，倒也说得过去。打那以后，有两个多月，大武每天都观赏那张得意的年历。这么一来，他就经常在上厕所的时候想象一下十年后的情景：儿子大学毕业的年份，女儿 20 岁的年份都显示出来了。儿子、女儿该办喜事的日子也能推算出来……"3 年后的这个时候，我怎么也得当上科长吧，再过一年的这个月，我可以改造住房了。"年已 48 岁的大武手指年历，编织着希望，最后干脆用彩笔圈了下来。"改建费用借银行贷款的话，这个时候可以返还一半，从这儿开始准备养老的储蓄……"

然而，过了两个半月，大武忽然变得寡言少语了。

大武一向以工作狂自居，现在他连上班也懒洋洋的，干什么都无精打采，整天长吁短叹的。"怎么变成这副样子？"这天早晨，大武抱着想辞去公司职务的念头，蹲在卫生间里，像往常一样端详着年历。从头到尾看下来，每个月份该有大事的地方，都用彩笔标着记号，详详细细地记录着 12 年的计划。退休的日期也在其内，自己的将来统统可以一眼看到底。

大武若有所思，猛地站了起来，嚷道："原来你就是祸根！"他一把撕下了那张年历。

如果一个人总是盘算和思虑着未来，哪有心思和精力抓住今天，干好今天的事呢？我们每个人都生活在今天，而不是明天、后天，过去已一去不返，明天尚未可知，过好今天才是最要紧的，也是最现实的。如果一个人处在悔恨过去、忧郁未来的状态下，生活哪有乐趣呢？

把自己看得很轻

在一家医学院实习的杏儿，有四位竞争对手。一个问题一直残酷地摆到她们面前：这所医院最后只能留用一个人。

离实习结束的日子越来越近，五姐妹的较量也越来越激烈，但她们始终相互激励着，相互祝福着。院方为了确定哪一名被留用，举行了一次考核，结果出来了，面对同样出色的五姐妹，院方一时也不知道该如何取舍。

这天，五姐妹都突然接到一个相同的紧急通知，一名孕妇就要生产，医院需要立刻前往她家中救治。五姐妹急匆匆地上了救护车。一名副院长、一名主任医生、五名实习医生、两名护士同时去抢救一名孕妇，如此隆重的阵势让五姐妹都感觉到一种前所未有的紧张。有人悄悄地问副院长，是什么样的人物，需要这样兴师动众？院长简单地解释道："这名产妇的身份和情况都有些特殊，让你们都来，也是想让你们都不要错过这个机会，你们可都要认真观察学习。"车内一片沉寂。

孕妇家很偏僻，救护车左拐右拐终于到达时，孕妇已经折腾得满头汗水。医护人员七手八脚把孕妇抬上救护车后，发现了一个问题，车上已经人挨人，孕妇的丈夫上不来了。人们知道，孕妇到达医院进行抢救，是不能没有亲属在身边办理一些相关手续的。人们都下意识地看向副院长，副院长低头为孕妇检查着，头都未抬地说道："快开车!"所有人都怔住了。不知道该如何是好。这时候，杏儿突然跳下了车，示意孕妇的丈夫上车。

救护车风驰电掣地开往医院，等杏儿气喘吁吁赶回到医院的时候，已经是半小时后了。在医院门口，她被参加急救的副院长拦住了，副院长问她："这么难得的学习机会，你为什么跳下了车?"杏儿擦着额头的汗水回答道："车上有那么多医生、护士，缺少我不会影响抢救的。但没有病人家属，可能会给抢救带来不必要的影响。"

三天后，院方的留用结果出来了，杏儿成为幸运者。院长说出了理由："三天前的那一场急救是一场意外的测试。将来无论你们走到哪里，无论从事什么职业，都应该记住一句话，天使能够飞翔，是因为把自己看得很轻。"

"天使能够飞翔，是因为把自己看得很轻"。而生活中却有那些不够"天使"的人，为名所牵，为利所系，放不下包袱。难以轻松地生活，结果在名利面前累得奄奄一息。这样的教训实在太深刻了。而把名利看得淡的人，不计较个人得失，诚诚恳恳地做好自己分内的事，这样的人，反而活得轻松，活得有意义。实际上，把自己看得很轻的人，生活回报他的并不一定很"轻"，有时是沉甸甸的收获。

错失良机

有一个穷人总在想，假如我手头要有一万元钱就好了。一天，这个穷人无意中发现了一只跑丢的很可爱的小狗，穷人发现四周没人，便把狗抱回了他住的窑洞里，拴了起来。

这只狗的主人是一位著名的大富翁，他丢狗后十分着急，因为这是一只纯正的进口名犬。于是，就在当地电视台发了一则寻狗启事：如有拾到者请速还，付酬金一万元。第二天，穷人沿街行乞时，看到这则启事，便迫不及待地抱着小狗准备去领那一万元酬金，可当他匆匆忙忙抱着狗又路过贴启示处时，发现启事上的酬金已变成了两万元。原来，大富翁寻狗不着，又电话通知电视台把酬金提高了。

穷人似乎不相信自己的眼睛，向前走的脚步突然间停了下来，想了想又转身将狗抱回了窑洞，重新拴了起来。第三天，酬金果然又涨了，第四天又涨了，直到第七天，酬金涨到了让人们都感到惊讶时，穷人这才跑回窑洞去抱狗。可想不到的是那只可爱的小狗已被饿死了。

中国民间有谚语叫"这山望着那山高""有肉就不吃豆腐"。人生在世，好多东西并不是我们无缘得到，而是我们的期望太高，当第一个目标接近实现时，往往又被第二个更高的目标所诱惑，从而改变了方向。结果，想吃肉，连豆腐都失去了。一位哲人曾说过这样一句话："人的欲望是座火山，如不控制就会害人伤己。"

从保洁做起

当阿愣坐在总经理助理的面前时，这位热情中透着冷峻的女子公事公办地说："你的应聘表我们研究过了，对不起，你没有比那些被录取的人更适合我们。"

"也许我在某些方面并不比那些人闪光，比如，我只有大本学历；再比如，我没有工作经历。可是，表格里的东西又说明了什么呢？仅仅是表面的东西而已。而一个人是否适合一个企业，难道不是看重他的发展潜力、敬业精神和忠诚度吗？我作为一个毕业不久的大学生，对工作的渴望为什么就不能跨越那些表面的东西，达到贵公司所需要的境界呢？"面对这个意料中的结局，阿愣并不想和这位年轻美丽的助理马上说"再见"，他还要再努力一把。

"在没有机会实际考察时，我们只能凭简历和面试的表现！请问你还有别的事吗？"总经理助理无情地下起了逐客令。

"大姐——你好像比我大几岁，我就叫你一声大姐好吗？请你再考虑一下吧。我已记不清这是第几次求职了，一次又一次的失败已经让我差点失去生活的勇气。请相信我，如果我有幸成为贵公司的一员，我不会比我的同事干得差的。"阿愣几乎流下了眼泪，他可怜巴巴地看着总经理助理。

很显然，总经理助理受到了感染。她低头沉思了片刻，忽然说道："录取工作已经结束，不可能更改。不过，还有一个保洁岗位待聘，你是否感兴趣？"

"什么？"阿愣不敢相信自己的耳朵，"你是说让我做保洁？天啊，那是没有文化的乡下妇女才从事的工作呀。"

"可我不这么认为！"总经理助理打断阿愣的话，"按你的逻辑。若干年后大家都考上了大学，保洁这个岗位就不存在了吗？"

"大姐，请别介意。我从贵公司的简介中了解到，你是一位博士生。将心比心，你当初应聘时，是否考虑过做一名保洁？"

"考虑过！"总经理助理不容置疑地说，"而且还身体力行。你想听一听我的故事吗？"

阿愣吃惊地看着她点了一下头。

"好！"总经理助理端正一下自己的身体，接着说道，"我第一次来公司应聘的时候，目标就是总经理助理。然而，在激烈的竞争下，我败下阵来。原因是：我缺少工作经验。虽然我也有博士学历，但竞争这个职位的人都有同等学历。都说高学历的人好找工作，但高学历的人往往眼光高、目标大，走的是独木桥，机会并不是很多。在我的求职经历中，这不知是第几次失败了。一次又一次的打击，使我非常沮丧。不过这倒使我静下心来，思考自己。我发现，我的强项，对手也有；而对手的强项，我未必有，我所缺少的正是工作经验。但工作经验又不是靠自己的主观意愿得来的。怎么办？唯一的办法就是放下架子，从简单的做起，从底层做起，一方面积累工作经验，一方面寻找时机。因此，当公司发布了招聘保洁的信息时，我毅然跨进了人事部经理的办公室。人事经理朝我打量了一眼，说：'干这项工作需要高中学历，你有毕业证书吗？'我微微一笑，便从包里掏出了已经发黄的高中毕业证书。于是，我便拥有了这个岗位。

"保洁工作虽然辛苦，薪水也很低，但我毕竟成为了公司的一员，有机会和各层次的员工接触，和他们打交道、交朋友。同时，我不辞辛苦，兢兢业业做好本职工作，年终还被评为公司的优秀员工。一年后，机会终于来了，公司财务部经理提升为副总经理，该职位暂时空缺。得到这个消息，我立即走进人事部经理的办公室，毛遂自荐。人事部经理不相信地问：'你真的具有财务专业硕士学位吗？'我立即掏出证书递给他看，并说明了情况。人事部经理看后，惊叹道：'没想到你一直是大材小用啊。'就这样，我又做了财务部经理。

"以后，我的情况你已经猜得到。当总经理助理被委派到一家分公司担任总经理时，我再次毛遂自荐。这一次，我直接面见了总经理。总经理一向青睐我的工作业绩，我的'优秀员工'称号就是他直接授予的。但他从来没有想到我是一位博士生。总经理问：'你有博士学位？怎么我一直不知道呢？'我微微一笑，说：'总经理，您应该知道的。您还记得两年前你招聘总经理助理的情景吗？我就是其中的竞选者之一。'总经理这才恍然大悟，他点点头，对我的求职策略十分欣赏，当即同意我继任助理的职务。"

"大姐，你为什么要分阶段亮出自己的学历，而不是一开始就亮出最高的呢？"阿愣余兴未尽。

"一个博士生当保洁，你会相信吗？人家也许觉得这是不可能的事，或者不相信一个高学历的人会干好底层工作。"总经理助理自豪地说。

"大姐，你的以退为进策略使我深受启发。我同意从保洁做起，并保证珍惜这个职位。"

"好吧，我这就通知人事部。"总经理助理拿起电话，"喂，是我！

请问保洁的位子是否还空着？什么？……嗯，我知道了。"

放下电话，总经理助理摊摊手，无可奈何地对阿愣说："很不幸！人事部经理告诉我，保洁的位子刚刚被一个具有硕士学历的女孩子获取了……"

以退为进，是做人的智慧，也是自我表现的一种艺术。一个人太高调了，锋芒毕露，往往会吓住人。而采取以退为进的方式，收起自己的棱角，慢慢融于集体中，再伺机进取，不失为一种处世之道。关键是要端正心态，如果总有被埋没之心，却无从低层干起之志，就不会做到这一点。

六 规范行为，好习惯才会助你成功

习惯，人皆有之。小到啃指甲、挠头、握笔姿势以及双臂交叉等微不足道的事，大到一些关系到身体健康的事，比如，吃什么、吃多少、从事什么运动、多久锻炼一次等。甚至我们与朋友交往，与家人和同事如何相处都是基于我们的习惯。习惯存在于我们生活的方方面面，以至于我们常常忽视它的存在，无视它的作用。但是，习惯对我们的影响是不可低估的，好习惯助我们成就大业，坏习惯也会坏了我们的大事。

成败的支点

一天，一个衣着整洁的妇女，扛着行李进了山上的观音庙。那时正是战乱的年代，只有这里显得很清净。许多人都逃出去了，只有一个独眼的白胡子老人在这里默默守护着。

妇女进来后，看见老人正端坐在蒲团上，闭目养神。她没敢惊动他，只是静静地站在后边。过了许久，老人才说："你来干什么?"

听见老人说话，那妇女立刻毕恭毕敬地回答："您好歹也是太郎的爷爷，现在太郎这么没有长进，您怎么能撒手不管呢?"

"太郎怎么啦?"

"他读书读不进去；种地又嫌没有出息；经商吧，贩了几次布，将家业快赔完了。后来，跟着二郎当兵，没过半年，又当逃兵跑了回来。二郎写信告诉我，说他弟弟太丢人了……太郎三十好几了，难道我一个妇女，能养活他一辈子吗?"说着说着，妇女已泪流满面："要不是二郎经常寄点钱给我，我们怎么生活呀! 唉，他爷爷，您说说。"

"那能怨谁呢? 当初我替你们管教的时候，你们总是心疼……我这只眼睛是怎么瞎的，啊!"老人激动了起来。

妇女见老人生气了，急忙跪了下来："公公，都是我不好! 您不要和我们晚辈计较，我心里也不好受啊!"她擦了擦脸上的泪水说："那一次，如果不是我拖住您，护着这个小子，也不至于让他用竹竿戳瞎了您的眼睛……"

"好啦，好啦，别哭啦! 这个小子从小就顽皮。"

"您原谅我们啦? 公公。"

"原谅啦! 我都这么一把年纪了，还计较个啥哩……起来说话吧。"

公公和儿媳多年的恩怨就这样化解了。他们一起下了山，回到了家里。

那个独眼的白胡子老人回到家后，抓紧了对太郎的管教。那个妇女，再也不拦着了。

老人的管教从纠正太郎的各种坏习惯着手。用了不到三年的时间，太郎爱睡懒觉、撒谎、骂人、办事拖拉、脾气暴躁等恶习，终于让爷爷给治住了。当爷爷认为他可以离开自己还能保持良好习惯以后，便送他去了学校。后来，他终于为国家立下了汗马功劳。

在太郎老年时，有一个学校请太郎老人给学生们讲话。他讲了许多关于做人的道理，在结束的时候他意味深长地说道："一个人成败的支点，就是自己长期养成的习惯。"

一个希望成功的人，必须从小就要养成良好的习惯，勤劳、节俭、善于思考、细致等，这些成功路上必需的品性，都必须从小就要养成。父母骄纵孩子，并不是真正地爱孩子，青少年时期是人生的转折点，如果在那个时候我们没有养成良好的习惯，那么我们将来很可能一事无成，甚至走上歧途。而父母、老师的教育培养并不只是单纯地给孩子灌输科学文化知识，更重要的是教孩子做人的道理，养成良好的生活习惯。

炼金术

有个叫布朗斯的人，一心想要成为富翁。他认为，要想成为富翁，最佳捷径就是学会炼金术，自己把黄金炼出来。

为此，他把全部的时间、金钱和精力都用在炼金术的实验中。为此他花光了自己的全部积蓄。家中变得一贫如洗，连饭都没得吃了。妻子万般无奈，跑回娘家去诉苦。他丈人决定帮女婿改掉这个恶习。

他把布朗斯叫来，对女婿说："我已经掌握了炼金术，只是现在还缺一样炼金的东西。"

"快告诉我还缺什么？"布朗斯急切地问道。

"好吧，我不妨告诉你这个秘密。我需要3千克腰果叶下的白色绒毛。但这些绒毛必须是你自己种的腰果树上的。等到收齐绒毛后，我便告诉你炼金的方法。"

布朗斯回家后，立刻在已荒废多年的田地里种上了腰果。为了尽快凑齐绒毛，他除了种以前就有的自家的田地外，还开垦了大量的荒地。等腰果长熟后，他便小心地从每片腰果叶下搜刮自绒毛，而他的妻子和儿女则抬着一串串腰果到市场上去出售。就这样，10 年很快过去了。布朗斯终于攒够了 3 千克绒毛。这天，他激动地拿着绒毛来到老丈人的家里，向老丈人请教炼金术。

老丈人指着院中的一间房子说："你去把那边的房门打开看看。"

布朗斯打开了那扇门，立刻感到满屋金光扑面而来，原来里面竟然全是黄金。他的妻子和儿女都站在屋中。妻子告诉他，这些金子都是用他这 10 年里所种的腰果换来的。面对着满屋实实在在的黄金，布朗斯恍然大悟。

一切劳动成果都是靠辛勤的汗水换来的，养成脚踏实地的习惯是成功的捷径。那些梦想一举功成，却不愿意付出艰辛劳动的人，就如南柯一梦一样，一旦梦碎了，不仅两手空空，也浪费了宝贵的年华，空余悔恨和哀叹。如果我们希望自己将来成为科学家、文学家、艺术家或企业家等，那就学好每一门功课吧，准备付出不懈的努力和艰苦的奋斗，而不要光沉醉于幻想中。

富兰克林的成功

富兰克林年轻时有一个不好的习惯，就是凡事太爱争强好胜，不甘落后，动不动就和别人打嘴皮官司。由于嘴巴厉害，始终难以与人相处。这个习惯不仅使富兰克林交不到新朋友，反而失去了很多多年的朋友，人们提起他的这一毛病，就摇头苦笑。

富兰克林意识到这一缺点后，马上就着手改变自己的习惯。他列出了一个清单，把自己个性上的那些不良习惯全部一一列在上面，大到最致命的不良习惯，小到一些不足挂齿的小毛病，无一遗漏。每天，他照着清单上列的习惯一一进行修正，每修正一个习惯，就删去这一项。当他把自己的毛病全部删除完毕的时候，良好的习惯也随之遍布全身，如去倾听、去赞扬、站在别人立场上想问题、去爱、多付出等。

结果，令人生厌的那些小毛病——不见了，他变成了美国历史上最受尊敬和爱戴的人物之一。

富兰克林的成功告诉我们：只要我们费点心思作个决定，再练习或"形成"新的反应或行为，习惯就能修正、改变，甚至完全扭转。关键是，我们要有决心和信心，也要有恒心和自制力。

习惯的悲剧

一根细细的链子拴得住一头千斤重的大象，你相信吗？然而，这种现象在东南亚国家随处可见。那些驯象人，在大象还是小象的时候，就用一条铁链将它绑在水泥柱或钢柱上，无论小象怎么挣扎都无法挣脱。小象渐渐地习惯了不挣扎，直到长成了大象，可以轻而易举地挣脱链子时，也不挣扎了。

有一个驯虎人，想跟驯象人学习，他让小虎从小吃素，直到小虎长大。这个人想：老虎从小不知肉味，自然就不会伤人了。不幸的是，有一次，驯虎人摔了一跤，让老虎舔净他流在地上的血，老虎闻到了血腥味，终于将驯虎人吃了。

小象是被链子绑住，而大象则是被习惯绑住。

老虎曾经被习惯绑住，而驯虎人则死于习惯，因为他已经习惯于他的老虎不吃人。这就是悲剧发生的根本原因。然而，习惯几乎可以束缚一切，只是不能束缚偶然。

人的习惯是在不知不觉中形成的，同样在不知不觉中影响我们的日常生活。习惯成自然，习惯便失去了自觉意识。正因为习惯是看不见摸不着的，我们往往忽略了它。我们常常下意识地充当了习惯的奴隶，从而给自己带来失误。所以，我们现在要做的就是控制它，而不是为它所控制。

奇迹

在二次大战期间，英国首相丘吉尔已经60多岁了，却能够每天工作16小时，一年年地指挥军队作战，实在是一件很了不起的事情。他的秘诀在哪里？他每天早晨在床上工作到11点，看报告、口述命令、打电话，甚至在床上举行很重要的会议。吃过午饭以后，再上床去睡一个小时。到了晚上，在8点吃晚饭以前，他再上床去睡两个钟点。他并不是要消除疲劳，因为他根本不必去消除，他事先就防止了。因为他经常休息，所以可以很有精神地一直工作到后半夜。

大名鼎鼎的约翰·洛克菲勒创了两项惊人的纪录：他赚到了当时全世界为数最多的财富，也活到98岁。他如何做到这两点呢？最主要的原因当然是他家里的人都很长寿，另外一个原因是，他每天中午在办公室里睡半小时午觉。他会躺在办公室的大沙发上睡午觉，在睡午觉的时候，哪怕是美国总统打来的电话，他都不接。

萧伯纳坚持"该先做的事情就先做"的习惯使他成为杰出的作家；爱迪生坚持想睡就睡的习惯，保证了他的高效率工作，保持着活跃的思维，从而有了造福人类的一个又一个发明；中国唐代诗人贾岛，因为保持着随时把心得记下来的习惯，从而创作了许多名诗……这样的例子信手拈来，多得不胜枚举。

分水岭，来自于不同的习惯。好习惯是开启成功的钥匙，是成功的基石，是向上的阶梯，是机遇和幸运的催生婆。一个人要想在事业上取得成功，就必须养成良好的习惯。

捏鼻子

一个青年从国外回来，突发奇想，希望能捏到国王的鼻子。如果现在就去捏国王的鼻子，无疑是不现实的，甚至连见也见不到国王。该怎样才能做到呢？想啊想，他终于有了一个好主意。

第二天散步的时候，年轻人遇见了一个朋友，于是他走上前去捏了捏朋友的鼻子，朋友吓了一跳："你这是什么意思？""没什么意思！"青年礼貌地回答，然后走开了。

这个朋友琢磨了起来："为什么呢？会不会是国外的礼节？这太时髦了！"于是他又去捏了另一个朋友的鼻子。很快，这种"捏鼻礼"在整个国家盛行了起来。

一个月后，在一次集会上，当人们把青年介绍给国王时，青年就很轻松地捏到了国王的鼻子。

这是随大流的力量，它把一件荒谬的事，变得合情合理，而生活中，我们就常常扮演了那个"朋友"或"朋友的朋友"的角色，盲目地模仿别人的做法，最让人头痛的是我们甚至不知道这么做是为了什么。

来自童年的家教

美国专家做了一项著名的实验，选出 50 位成功人士，同时又选出 50 位有犯罪记录的人。试验方式是：试验者分别写信给他们，请他们谈谈小时候母亲对自己的影响。

不久，试验者便收到了不同的回信，其中有两封回信，一封来自白宫的一位著名人士，一封来自监狱的一位服刑犯人，给他的印象最深刻。他们谈的是同一件事：小时候母亲给他们分苹果。

来自白宫的著名人士是这样写的：

有一天，妈妈拿来几个苹果，红红的，大小不同。我和弟弟们都争着要大的，妈妈把那个最大最红的苹果举在手中，对我们说："这个最大的苹果，谁都想得到它，很好。现在，让我们来做个比赛，我把门前的草坪分成三块，你们三人一人一块，负责修剪好，谁干得最快，修剪得最漂亮，谁就可以得到它！"

我们兄弟三人开始了比赛，为了得到最大的苹果，我尽了最大的力量去修剪，力争比弟弟做得更好，结果，我赢得了那个最大的苹果。这件事使我非常感谢母亲，她让我明白了一个最简单也最重要的道理：想要得到最好的，就必须争得第一。

而那位来自监狱的服刑者是这样写的：

有一天，妈妈拿来几个苹果，红红的，大小不同。我一眼就看上了那个大的，非常想要。这时，妈妈把苹果放在桌上，问我和弟弟："你们想要哪个？"我刚要开口，弟弟却抢先说："我想要那个大的。"妈妈听了，把眼一瞪，责备他说："好孩子要学会把好东西让给别人，不能总想着自己。"

于是，我灵机一动，改口说："妈妈，我想要那个最小的，把大的留给弟弟吧。"

妈妈听了，非常高兴，在我的脸上亲了一下，夸我是一个乖巧懂事的好孩子，并把那个大苹果奖励给了我。我于是得到了我想要的东西。从此，我懂得了说谎可以得到实惠。从这以后，我又学会了打架、偷、抢，为了得到想要得到的东西，我不择手段，犯下不可饶恕的罪行，被送进了监狱。

两件小事反映了两种截然不同的教育方法，两种教育方法培养了两种不同的习惯，两种不同的习惯最终给孩子带来了两种截然不同的命运。孩子养成诚实本分的习惯，长大后能走人间正道，辨明是非曲直，取得巨大的成功；而孩子养成撒谎的习惯，长大后会越陷越深，难以自拔，以致走向犯罪。所以，我们从小就培养良好的做人品质，不让不良习惯像阴影一样伴随着自己的一生。

寻找点金石

点金石是一块小小的石子，它能将任何一种普通金属变成纯金。它就在黑海的海滩上，和成千上万的与它看起来一模一样的小石子混在一起。然而，真正的点金石摸上去很温暖，而普通的石子摸上去是冰冰的。有一个人获得这个秘密后，变卖了财产，买了一些简单的装备，赶到海边扎起了帐篷，开始检验那些石子。

他知道，如果他真捡起一块普通的石子，并且因为它摸上去冰凉凉的就将其扔在地上，他有可能几百次地捡起同一块石子。所以，当他摸着石子冰凉的时候，他就将它扔进了大海里。他这样干了一整天，却没有捡到一块是点金石的石子。然后又这样干了一个星期，一个月，一年，三年；但是，他还是没有找到点金石。然而，他继续这样干下去，捡起一块石子，是凉的，将它扔进海里，又去捡起另一块，还是凉的，再把它扔进海里，又一块……

但是，在一天上午，他捡起了一块石子，而且这块石子是温暖的，他把它随手就扔进了海里。他已经形成了一种习惯，把他捡到的所有石子都扔进海里。他已经如此习惯于做扔石子的动作，以至于当他真正想要的那一个到来时，他也还是将其扔进了海里。

习惯，真是一种可怕的东西。当一个人的潜意识中形成了一种惯性的力量时，他总是不自觉地重复着这种习惯的动作或行为，以致连他自己都难以控制。所以，我们在学习和生活中，要注意养成良好的习惯，良好的习惯有助于我们的成长；而不良的习惯，则会阻碍我们取得成功。

七 勇于开拓，大胆迈开前进的步伐

勇气是一种难得的品质，在人生的各个阶段，我们都需要用勇气鸣锣开道。我们不仅需要用勇气去克服困难，而且在各种工作中，也要靠勇气去争取事业的成功。一个从小勇敢的孩子，不怕困难，不畏危险，明知有困难，也要迎难而上。具备这种精神，我们才会有不平凡的人生。

女孩的勇气

在美国犹他州的一座种植园里经营着一间作坊，那里住着一家黑人。一天，黑人家里的一个 10 岁的小女孩被她母亲派去向种植园主索要 50 美分。

园主放下手中的工作，看着那个黑人小女孩敬而远之地站在那里，似乎若有所求。于是他便问道："你有什么事情吗？"

黑人小女孩没有移动脚步，回答说："我妈妈说向您要回欠我们的 50 美分。"

园主用一种斥责的声音和可怕的脸色回答说："我不给！你快滚回家去吧，不然我用锁锁住你。"说完，便继续做自己的工作。

过了一会儿，他抬头时看到黑人小女孩仍然站在那儿不走，便掀起一块桶板向她挥舞道："如果你再不滚开的话，我就用这桶板教训你。趁现在我还……"话没有说完，那黑人小女孩突然飞快地冲到他面前，扬起脸来用尽全身的气力向他大喊："我妈妈需要这 50 美分！"

园主被小女孩的勇敢镇住了，将桶板放了下来，手伸向口袋里摸出 50 美分给了那个黑人小女孩。她一把抓过钱去，便像小鹿一样跑出去了。留下园主目瞪口呆地站在那儿回顾着刚刚经历的这一切——一个黑人小女孩竟然镇住了他自己。而在之前，整个种植园的黑人从来没敢顶撞过他。

一切困难和阻碍，都像弹簧一样，你弱它就强，你强它就弱。我们应该拿出自己的勇气与它们抗争。如果你要担当某项任务，你就不应当认为自己是如何的弱小无能、不堪重任，这样你准不会成功；而应尽量想着自己怎样强大、怎样有本领、怎样能应付现在的问题，这样才有可能取得成功。只要有勇气和信心，先从心态上战胜恐惧，你就可以迈出胜利的步伐。

匹夫之勇

可悉陵是北魏的皇亲，他体格强壮、高大魁梧、性格坚毅，有一身好武艺。

17岁那年，北魏皇帝拓跋焘带着他进山打猎。在返程的路上，忽然有人察觉到旁边的树在微微颤动，传出一阵草叶的"沙沙"声，好像有什么动物在快速行走。就在迟疑间，丛林中突然蹿出一只吊睛白额虎，它大吼一声，吼得地动山摇。

人们惊出一身冷汗，惊慌失措，不知如何是好。只听见一个人大喊道："保护皇上，看我的！"说话间，人已到了老虎跟前。大家定睛一看，原来说话的是可悉陵。

可悉陵没拿任何武器，赤手空拳地和老虎搏斗起来。老虎的尾巴用力一摆，眼看要扫到可悉陵的身上，可悉陵灵巧地一闪躲开了。大家回过神来，弯弓搭箭想要帮忙，可悉陵却喊道："请大家别动手，有我一个人就可以了。"大家只好眼睁睁地看着可悉陵和老虎周旋，心里暗暗为他捏了一把汗。

躲过了老虎凶猛的攻击，可悉陵瞅准机会趴到老虎身上，揪着虎皮死死按住虎头，抬起铁拳拼命朝老虎的天灵盖砸下去。也不知砸了多少拳，可悉陵累得不行了，才发现老虎已经七窍流血，死了。可悉陵把这头老虎献给了拓跋焘。

拓跋焘没有如可悉陵想象的那样称赞他，而是说："我们本来有机会逃走，不必跟老虎纠缠；实在走不了，大家一起上，也可以轻而易举地置老虎于死地，可你偏偏要徒手和老虎单打独斗。你的勇敢和体力超人一等，但应该用来造福国家，而不是浪费在这种不必要的搏斗上。万一出点事，岂不是太可惜了吗？"

可悉陵听罢，惭愧地低下了头。

一个人勇猛刚强固然重要，但人的智慧和谋略更重要。没有智慧的勇敢，是匹夫之勇，是争强斗胜，是自我炫耀；而真正有智慧的人，懂得巧妙地运用自己的勇猛，用得得当。有道是，有勇有谋才是大将风度。而可悉陵，只算作是一介武夫。

马斗狼

一匹马长得高大、俊美、雄壮又有力气，它长着很长的鬃毛，长得遮住了眼睛。每天，主人把它放到山中去吃草，因为马强壮的外形，山中的野兽都不敢去和它较量。

一天，这匹马遇到一只狼。狼想吃掉它，它不甘示弱，就扑向狼，和狼搏斗起来，斗了一天未分胜负，双方只好各自回家。

看见马和狼斗的人，向马的主人称赞马的勇敢善斗。主人高兴地说："我的马真是很雄壮呀！不过，我的马之所以没有战胜狼，是因为它头上的鬃毛太长了，遮住了它的眼睛。如果把它头上的鬃毛剪掉，让它看得清楚些，它肯定会战胜狼的。"于是，便拿出剪刀剪掉了马头上的鬃毛。

第二天，马的主人跟在马的后边，到了山上，果然看见一只狼奔向了马。马的主人本想观看一下自己的马战胜狼的壮观场面，没料到的是，马见了狼后，立刻惊慌失措，还没有斗过两三个回合，就被狼吃掉了。

马的主人非常失望。他非常不解的是：马为什么昨天那样勇敢善斗，而今天却这样怯懦无力呢？

一位高人知道后，对他说："天下的事成功在于勇敢，失败在于怯懦。马第一天因为鬃毛遮住了眼睛，不知道自己的对手是只狼，所以胆大勇敢，不知害怕；而第二天，它的鬃毛被剪掉了，看清楚了自己的对手是只狼，心理上就产生了胆怯、气馁，失败也就是不可避免的了。"

初生牛犊不怕虎，靠的就是小牛犊的勇气，和天不怕地不怕的英雄气概。做其他事也都一样，靠的是一股猛劲、闯劲和不服输的精神。比如，在比赛场上，在竞技场合，甚至在考试当中，都是"两军相逢勇者胜"。如果万事想得太多，往往容易瞻前顾后，畏首畏尾，未战即先胆怯起来，这样下去，失败就是不可避免的了。特别是在决斗双方势均力敌的情况下，谁具有信心和勇气，谁就可能拔得头筹。

男子汉气概

一位父亲很为他的孩子苦恼，因为他的儿子已经十五六岁了，可是一点男子汉气概都没有，于是，父亲去拜访一位高人，请他训练自己的孩子。

高人说："你把孩子留在我这边，3 个月以后，我一定可以把他训练成真正的男子汉。不过，这 3 个月里面，你不可以来看他。"父亲同意了。

3 个月后，父亲来接孩子。高人安排孩子和一个武术教练进行一场比赛，以展示这 3 个月的训练成果。

教练一出手，孩子便应声倒地，他站起来继续迎接挑战，但马上又被打倒，他就又站起来……就这样来来回回一共交手了16次。

高人问父亲："你觉得你孩子的表现够不够男子汉气概？"

父亲说："我简直羞愧死了！想不到我送他来这里受训3个月，看到的结果是他这么不经打，被人一再打倒。"

高人说："我很遗憾你只看到表面的胜负。你有没有看到你儿子那种倒下去立刻又站起来的勇气和毅力呢？这才是真正的男子汉气概啊！"

我们可能会遇到许多困难和挫折，这些困难和挫折也许会一次又一次将我们击倒。毕竟，人不是泰山，不是磐石，不可能永远屹立不倒，但是，只要我们在跌倒后马上站起来，我们就具备了勇气和毅力。只要有了这种勇气和毅力，跌倒了并不可怕，因为我们还会站起来，重新开始！想想看，当我们一次又一次面临同一种困难时，我们是否有勇气和毅力"站"起来，最后战胜这些困难？

孔子的比喻

颜回是孔子的弟子，他向孔子讨教说，我曾经乘舟渡过一个深潭，艄公驾船的本领神奇莫测，我问艄公驾船到您这份上可以掌握吗？他肯定地回答说可以。善于游泳的人只要经过练习便可以学会，若是会潜水的人即使从未接触过船也能操作自如。对于艄公的一番道理，颜回自称并不理解，但是艄公不肯作进一步解释，他只好向孔子求教。

孔子听罢弟子的介绍，向颜回解答个中奥妙：游泳能手是不会惧怕水的，他对学习驾船不存在恐惧心理，心情完全是放松的；擅长潜水的人把陆上和水中看成一码事，把船行和车驶看成一回事，把翻船更不当一回事。所以，即使从没驾过船也能操舟自如，悠然自得。

孔子是位诲人不倦的教育家，他打了一个生动形象的比喻。好比一个参与赌博的人，用瓦块为赌注，心理毫无负担，赌起来轻轻松松，对输赢泰然处之反而常常获胜；他用衣物下赌，就有些顾忌；如果他用黄金下赌，那就会顾虑重重，心情紧张，惧怕输掉赌资，他会患得患失。其实赌的规则和技巧都是相同的，由于产生怕输的负担，技巧就难以发挥。

打完比喻，孔子下结论：凡事以外物为重，怀有恐惧心理，那么内心必然怯弱而使行为显得笨拙犹豫。否则，就会是相反的表现。

做事需要胆量，但胆量来源于胸有成竹，而胸有成竹又源于自己的技术和才能。所谓艺高人胆大，艺高来自平日的勤学苦练。有了这个基础，信心就会建立，自信可以使人产生精神力量，通向成功，相反，做事心里没底的人，多是因为自己缺少这方面的能力或经验，才不敢贸然动手。

次非斩蛟

楚国有个名叫次非的人，在一次旅游时来到吴国干遂这个地方，得到了一柄非常锋利的宝剑，高高兴兴地回楚国去。

次非在返回楚国的途中要过一条大江，便乘船渡江。当渡江的小木船行到了江中心时，忽然从水底游来两条大蛟，异常凶猛地向这条小木船袭击过来，很快地从两边缠住渡船不放，情况非常危急，所有乘船过江的人都吓呆了。这时，次非向摆渡的船夫问道："您在江上摇橹摆渡多年了，您曾经见到或听到过有两条大蛟缠住船不放，而船上的人还能够有活下去的可能吗？"船夫回答说："我驾船渡江几十年，也不知送过多少人过江，从没见到过这东西。"次非想：如果不除掉这两条恶蛟的话，全船的人就会有生命危险。于是他立即脱去外衣，捋起衣袖，抽出从吴国干遂得到的宝剑，对船上的人说："这两条大蛟如此凶恶，也只不过是这江中一堆快要腐烂了的骨和肉，还怕它们干什么？为了保全船上所有人的性命，我即使丢掉了这柄刚刚得到的上好宝剑，哪怕是我个人的性命，也没有什么可惜的。"说完，他就毫不犹豫地手持宝剑跳到江中向缠住渡船不放的大蛟砍去，经过一场紧张、激烈的搏斗，次非斩除了两条大蛟，保住了渡江的小木船，挽救了全船人的生命。

在危急存亡的关头，为了大众利益挺身而出，迎难而上，做正义的事，要讲究"见义勇为"，要当机立断，说干就干。如果畏首畏尾，甚至苟且偷安，不是我们这个社会所提倡的。

八 做生活强者，迎接人生的"坎儿"

一个人在遭遇挫折时，是会消沉的。可是，如果他站起来了，他就是一个坚强的人。生活的磨难是不可怕的，重要的是你对它采取什么样的态度。我们从小就应该学会坚强，只有这样，才可以直面生活，成就一生；只有这样，我们才能创造业绩，让生命变得更加精彩。

最大的敌人

美国游泳健将查尔斯，有一次从可奈半岛游向加利湾，他在海水中游了将近16个小时，在离海岸只剩下一海里时，他看见前面大雾茫茫，潜意识发出了"何时才能到达彼岸"的信号，他顿时浑身困乏，失去了信心，于是他被拉上了小艇休息，失却了一次创造世界纪录的机会。事后，查尔斯才知道，他已经快要登上成功的彼岸了，阻碍他成功的不是大雾，而是他内心的疑惑；是他自己在大雾挡住视线之后，对创造新的纪录失去了信心，然后被大雾所俘虏的态度。

过了几个月，查尔斯又一次重游加利湾，游到最后，他不停地对自己说："离岸越来越近了！"潜意识发出了"我这次一定能打破纪录"的信号！他顿时浑身来劲，最后他终于实现了目标！

这个小故事告诉我们：真正能阻碍自己前进的不是眼前的困难，而是我们自己！有人一开始拥有雄心壮志，愿意去拼搏，但因为缺乏坚持到底的意志力和不达到目的决不罢休的韧劲，到最后时刻被眼前的困难和危险"迷住"了双眼，使意志力产生动摇，进而丧失了信心，最终失败。所以，我们不管干什么，都要有坚强的意志力和决不罢休的毅力，这样，才能战胜困难，取得最终的胜利。

把失败写在背面

有一个年轻人从小就希望自己能够成为一名出色的赛车手。他在军队服役时开过卡车，退役后为一家农场开车。工作之余，他仍一直坚持参加业余赛车队的技能训练。

有一年，他参加了市赛车比赛，当赛程过半时，他已经名列第三，他有很大的希望在这次比赛中获得好名次。然而，不幸的是，他前面的那两辆车发生了相撞事故，他迅速地扭转方向盘，试图避开他们，却因车速过快而没有成功，他被撞到车道旁的墙壁上，赛车开始燃烧。

当他被抢救出来时，手已经被烧焦，鼻子也不见了，体表烧伤面积达40%。医生给他做了7个小时的手术后，才把他从死神手中拉了过来。

经历这次事故，尽管他的性命保住了，可他的手萎缩了。医生告诉他说："以后，你再也不能开车了。"

然而，他并没有因此而灰心绝望。他接受了一系列的植皮手术，为了恢复手指的灵活性，每天他都不停地练习用手的残余部分去抓木条，有时疼得浑身大汗淋漓，而他仍然坚持着。

在做完最后一次手术之后，他又回到了农场，因为总练习用那只坏手开推土机，他的手掌重新磨出老茧，并开始继续练习赛车。

仅仅是在 9 个月之后，他又重返了赛场！他首先参加了一场公益性的赛车比赛，但没有获胜，因为他的车在中途意外地熄火了。不过，在随后的一次全程 200 公里的汽车比赛中，他取得了第二名的好成绩。

又过了两个月，仍是在上次发生事故的那个赛场上，他满怀信心地驾车驶入赛场，经过一番激烈的角逐，他最终赢得了 250 公里比赛的冠军。

当他第一次以冠军的姿态面对热情而疯狂的观众时，他流下了激动的眼泪。一些记者纷纷将他围住，并向他提出一个相同的问题："你在遭受了那些沉重打击之后，是什么力量使你重新振作起来的呢？"

此时，他手中拿着一张此次比赛的招贴图片，上面是一辆赛车迎着朝阳飞驰。他没有回答，只是微笑着用黑色的水笔在图片的背面写上一句凝重的话：把失败写在背面，我相信自己一定能成功！

在达到目标的过程中，我们可能遇到无数次的挫折和失败，这是可以预见的，重要的是，要把这些失败写在"背面"，不要让它们成为前进的障碍。许多人从小就立下了某一理想，然而最终却没有实现，究其原因，是因为经受不起失败的考验，被重重困难所吓倒，最后"知难而退"，从而抱憾终生。

生命的清单

五官科病房里同时住进来两位病人：强子和勇子；都是鼻子不舒服。在等待化验结果期间，强子说，如果是癌，立即去旅行，并首先去拉萨，勇子也表示了同样的愿望。结果出来了：强子得的是鼻癌，勇子长的是鼻息肉。

强子列了一张告别人生的计划表离开了医院，勇子则住了下来。

　　强子的计划表是：去一趟拉萨和敦煌；从攀枝花坐船一直到长江口；到海南的三亚以椰子树为背景拍一张照片；在哈尔滨过一个冬天；从大连坐船到广西的北海；登上天安门；读完莎士比亚的所有作品；写一本书……共 27 条。

　　他在这张生命的清单后面这么写道：我的一生有很多梦想，有的实现了，有的由于种种原因没有实现。现在上帝给我的时间不多了，为了不遗憾地离开这个世界，我打算用生命的最后几年去实现还剩下的这 27 个梦。

　　于是，强子就辞掉了公司的职务，去了拉萨和敦煌。第二年，他登上过天安门，去了内蒙古大草原，还在一户牧民家里住了一个星期。现在，他正在实现写一本书的夙愿。

　　有一天，勇子在报上看到强子写的一篇散文，打电话去询问强子的病。强子说："我真的无法想象，要不是这场病，我的生命该是多么的糟糕，是它提醒了我，去做自己想做的事，去实现自己想去实现的梦想。现在我才体味到什么是真正的生命和人生！你生活得也挺好吧？"勇子没有回答。因为在医院做完治疗后，他哪也没有去过。

　　每个人都会不可抗拒地走向死亡，只是有的生命比较长一些，有的生命则比较短些而已。我们之所以没有像强子一样列出一张生命的清单，抛开一切多余的东西，去实现梦想，去做自己想做的事，是因为我们认为自己还会活得很久。正因为这个潜意识中的差别，决定着不同的生命质量。所以，我们不要因为自己还很年轻，认为来日方长，就不去努力实现自己的理想，那样的话，只能像勇子一样，把理想化为泡影。

两个盲人

　　威尔逊是一位成功的商业家，他从一个普普通通的事务所小职员做起，经过多年的奋斗，终于拥有了自己的公司、办公楼，并且受到了人们的尊敬和羡慕。

一天，威尔逊从他的办公楼走出来，刚走到街上，就听见身后传来"嗒嗒嗒"的声音——那是盲人用拐棍敲打地面发出的声响，威尔逊愣了一下，缓缓地转过了身。

那盲人感觉到前面有人，连忙打起精神，上前说道："尊敬的先生，您一定发现我是一个可怜的盲人，能不能占用您一点点时间呢?"

威尔逊说："我要去会见一个重要的客户，你要想说什么就快说吧。"

盲人在一个包里摸索了半天，掏出一个打火机，递给威尔逊，说："先生，这个打火机只卖1美元，这可是最好的打火机啊。"

威尔逊听了，叹口气，把手伸进西服口袋，掏出一张钞票递给盲人："我不抽烟，但我愿意帮助你。这个打火机，也许我可以送给开电梯的小伙子。"

盲人用手摸了一下那张钞票，竟然是100美元! 他用颤抖的手反复抚摸着这张钞票，嘴里连连感激道："您是我遇见过的最慷慨的先生! 仁慈的富人啊，我为您祈祷! 上帝保佑您!"

威尔逊笑了笑，正准备走，盲人却拉住他，又喋喋不休地说："您不知道，我并不是一生下来就是瞎的。都是23年前布尔顿的那次事故! 太可怕了!"

威尔逊一震，问道："你是在那次化工厂爆炸中失明的吗?"

盲人仿佛遇见了知音，兴奋得连连点头："是啊是啊，您也知道? 这也难怪，那次光炸死的人就有92个，伤的人有好几百，这在当时可是头条新闻哪!"

盲人想用自己的遭遇打动对方，争取得到更多的一些钱。他可怜巴巴地说了下去："说起来我真可怜啊! 到处流浪，孤苦伶仃，吃了上顿没下顿，死了都没有人知道!"他越说越激动，"您不知道当时的情况，火一下子冒了出来！仿佛是从地狱中冒出来的！逃命的人群都挤在一起，我好不容易冲到门口，可一个大个子在我身后大喊：'让我先出去！我还年轻，我不想死！'他把我推倒了，踩着我的身体跑了出去。我失去了知觉，等我醒来，就成了瞎子，命运真不公平啊！"

威尔逊冷冷地说道："事实恐怕不是这样吧？"

盲人一惊，用空洞的眼睛呆呆地对着威尔逊。

威尔逊一字一顿地说："我当时也在布尔顿化工厂当工人，是你从我的身上踏过去的！你长得比我高大，你说的那句话，我永远都忘不了！"

盲人站了好长时间，突然一把抓住威尔逊，爆发出一阵大笑："这就是命运啊！不公平的命运！你在里面，现在出人头地了；我跑了出去，却成了一个没有用的瞎子！"

威尔逊用力推开盲人的手，用自己手中精致的棕榈手杖敲了敲地面，平静地说："你知道吗？我也是一个瞎子。你相信命运，可是我不信。"

同样的遭遇，同样变成了盲人，一个成了乞求别人同情与施舍的流浪汉，一个则勇敢地面对命运，坚强并幸福地活着。为什么会出现两种截然不同的结果呢？关键就在于他们对身处逆境的承受力和对幸福不懈追求的精神迥然不同。贝弗里奇说："人们最出色的工作往往是在处于逆境中做出的。思想上的压力，甚至肉体上的痛苦，都可能成为精神上的兴奋剂。"人生在世，恐怕谁都会遇到逆境与不幸，重要的是，我们可以把逆境当成动力．激励自己顽强地奋起，去争取成功和幸福。

石头和珠宝

有一个孤儿，生活无依无靠，既没田地可以耕种，也没有金钱可用来创业，他十分迷惘，不知道如何生活下去。

他去拜访一位哲学家，向他求教："我身无分文，又无一技之长，我该如何生活呀？"

哲学家说："你为何不去做些别的事情？"

"我能做什么呢？我什么都做不了啊！"他无奈地说。

哲学家把他带到一个杂草丛生的乱石堆旁，指着一块石头说："明天早上，你把它拿到集市上去卖，但要记住，无论有人出多少钱要买这块石头，你都不要卖。"

孤儿满腹狐疑，心想：这块石头虽然看起来不错，但怎么会有人肯花钱买呢？尽管心存疑虑，他还是抱着石头来到集市上，在一个不起眼的地方蹲下来开始叫卖。可是，那毕竟是一块普通的石头啊，因此根本没有人把它放在眼里。

第一天过去了，第二天过去了，孤儿的石头依然无人问津。直到第三天，才有人来询问；第四天，真的有人要买这块石头了；第五天，这块石头已经能卖到一个很好的价钱了。

孤儿回到哲学家那儿，激动地向他报告："想不到一块石头值那么多钱！"

哲学家笑笑说："明天你再把这石头拿到黄金市场上。记住，不论别人出多少钱都不能卖！"

孤儿于是又把石头拿到黄金市场上去叫卖。一天、两天过去了，第三天，又有人围过来问价，几天以后，问价的人越来越多，价格也被抬得高出了黄金的价格，而孤儿依旧不卖。越是这样，人们的好奇心就越大，石头的价格也被抬得越来越高。

孤儿又去哲学家那里，哲学家说："你再把石头拿到珠宝市场去卖……"

在珠宝市场上也出现了同样的情况。到了最后，石头的价格已被炒得比珠宝的价格还要高了。由于孤儿无论如何都不卖，那块石头更是被传说为"稀世珍宝"。

对此，孤儿大惑不解，于是又去请教哲学家。

哲学家语重心长地说："世上人与物皆是如此：你认定自己是块陋石，那么你永远只是一块陋石；如果你坚信自己是一颗无价的宝石，那么，你就会成为宝石。"

一个人切莫自暴自弃、自己看不起自己。如果自己视自己为草芥，心态自卑，如何振作精神，干一番事业呢？别人又如何看得起你呢？一个人可能处于低潮，可能身无分文，可能身世不幸，但这一切都是暂时的，一旦自己相信自己，珍视自己，就可以焕发出必胜的力量，从而东山再起。人一旦自信，不管别人是如何看待你的，也无所谓了。这里的关键是，要自信，还要自强，还要掌握过硬的本领。只有这样，你的价值终究会显示出来。

谈迁两度写《国榷》

明末有位穷秀才，名叫谈迁，自幼刻苦好学，博览群书，立志编纂一部翔实可信的明史。从 1621 年开始，他长年背着行李，步行百里之外，到处访书借抄，其中的艰辛苦不堪言。就这样铢积寸累，再经考证取舍，且六易其稿，终于毕 5 年之功完成初稿。以后陆续改订，积 26 年之不懈努力，撰成了百卷巨著《国榷》。

不料，天有不测风云。在 1647 年 8 月的一个夜晚，一窃贼潜入家门，见别无他物，就把《国榷》手稿席卷而去。这时候，谈迁已经 53 岁，面对沉重打击，谈迁不禁老泪纵横："唉，我已体力殆尽了，真是天灭我也！"但是，谈迁并未就此沉沦，而是迅速从打击中挺过来，"我的一双手还在，怕什么！"就这样，他重新踏上了"走百里之外，遍考群籍"之路。又经 4 年努力，终于第二次完成《国榷》新稿。这一年，谈迁 57 岁了。

1653 年，谈迁有机会进北京为人作书记，结识了几位著名藏书家。经过两年半的辛勤查访，又搜集到大量宝贵资料。返乡之时，他喜不自禁，连称："我这次北游京城，收获不少啊！"

谈迁 30 余年锲而不舍的努力没有白费，《国榷》全书 108 卷，400 余万字，为治明史者所必读。

谈迁 30 余年殚精竭虑，跋山涉水、不辞辛劳，表现了一个学问家的治学精神和忘我的干劲。虽然饱尝艰辛，最终仍一贫如洗，但他收获的是一部洋洋几百万字的巨著。当人们为《国榷》叫好时，是否懂得了谈迁的那番苦心？梅花香自苦寒来，有志求学者，当效谈迁！

九 磨砺意志，提高战胜挫折的能力

许多人几十年如一日，坚持不懈地奋斗，最终取得了成功。其中的奥秘，就是具备奋斗和拼搏的意志力。意志力是我们为了实现目标而自觉努力的心理能力，是青少年成长的非智力因素之一。意志坚强的人，做事能够自觉和主动，并勇于克服困难，取得最后的成功。只有磨砺我们的意志，才能增强抗挫能力，迎接未来可能面临的各种阻力。

甲石和乙石

山上有两块石头：甲石和乙石。甲石对乙石说："与其在这里养尊处优、默默无闻，还不如去经历一番外面世界的艰险和坎坷，去做一些事；就算一事无成，见识一下旅途的风光，也是知足的。"

"这又是何必呢，兄弟！"乙石不为所动，"我们安处山顶，一览众山小，周围花团锦簇，谁会那么愚蠢地在享乐和磨难之间选择后者。

再说，那路途的艰险和磨难，恐怕会让我粉身碎骨的！"甲石只好独自随山上溪流滚涌而下，它受尽了风风雨雨和大自然的磨难，却义无反顾地在自己选择的路上奔波。而乙石仍然在山上享受着安逸和幸福，享受着周围花草簇拥的畅意抒怀，享受着大自然创造万物所留下的美好景致。

多年以后，饱经风霜、历尽沧桑、千锤百炼的甲石，被有心人发现了，并收藏在博物馆中，已经成了世间的珍品、石艺的奇葩，被千万人称颂。为了更好地保存那石艺的奇葩，人们准备为它重新修建一座更加精美别致的博物馆，建造材料全部用石头。于是，他们来到高山上，把乙石粉碎成块，给甲石盖起了房子。

不经一番风雨，哪能见到彩虹。在未来的生活道路上，我们是图安乐、享受，还是愿意闯荡世界、做出一番业绩呢？图安乐、享受，就会不思进取，满足于现状，害怕困难和危险，一生终将碌碌无为，只配给人当垫脚石。如果决心闯荡世界，就会自觉接受创业路上的艰难险阻，不怕吃苦，经受得了挫折，直至达到成功的彼岸。作为一个有志少年，我们要从小培养自己的奋斗意识和吃苦精神，因为一个竞争的社会要求每一个社会成员必须具备这种能力，只有具备了这种能力并拥有这种意志的人才能出人头地。

坚持

王海出身贫困山区，小时候帮人打零工，他是个认真的孩子，做事总是尽心尽力，而且满怀信心，笑容满面。

长大后，他不再打零工，被一家讨债公司雇去催收欠款。王海靠着他的笑容，把收款的事情做得很出色，多么难收的款他也能收回来。

有一次，王海到一个借债人那里收欠款，这笔债早就应该还了，可是借债的人硬是想拖。一看来了个讨债的，脸色立刻变得很难看，对王海一脸冰霜，不予理睬，只顾做自己的事。晚上，直到睡觉的时候了，他也没理王海，索性关了灯，睡觉去了。

王海一个人摸黑枯坐在那个人的家门口，晚饭也没吃，又冷又饿，但他就是不生气，就那么静静地坐着，想着无论如何也要把欠款要回来，就这样他一直坐到天亮。

第二天早晨，那个借债的人看到王海仍然坐在自家门口，脸上还挂着笑容，没有一点生气的样子，确实被王海感动了，恭恭敬敬地把钱还给了他。

后来，王海开了一个小公司，慢慢地，这家公司成为国内一流的企业。

人们问王海的成功秘诀，王海说："发财的秘方就是坚持二字。"又说："有了坚持，就没有一件东西能阻挡你前进。"

坚持是创业的秘诀，创业是一个过程，需要从简到难，从浅到深，从曲折到顺利，从失败到成功的历练，这个历练过程也离不开坚持。没有它，怎么能战胜奋斗路上的艰苦和磨难呢？

成功的秘密

有人拜访一位哲人，向他请教："先生，你认为怎样才能成功呢？"

哲人笑笑，从果盘里递给他一颗花生："你用力捏捏它。"

那人用力一捏，花生壳碎了，只留下花生仁。

"再搓搓它。"哲人又说。

那人又照着做了，红色的种皮被搓掉了，只留下白白的果实。

"再用手捏它。"哲人接着说。

那人用力捏着，却怎么也没法把它毁坏。

"再用手搓搓它。"哲人继续说。

那人按照哲人的话去做了，可是什么也搓不下来。

"虽然屡遭挫折，却有一颗百折不挠的心，这就是成功的秘密。"哲人笑着说道。

拥有一颗百折不挠的心，虽屡遭挫折，却红心依在、品性依在、希望依在、理想依在……若能如此，成功就降临了。

一幅真迹

一位家道中落的父亲，在临终时把独生子叫到床前，指指床下，颤抖着说："这儿有一幅画，是清代郑板桥的真迹，你爷爷留下来的。"父亲苦笑了一下，又说道："这么多年来，家里的财物被人骗的骗、盗的盗，可是我始终守着这幅画。我心里很踏实，我告诉自己，我还有路，真绝了，还能把这幅画卖了。就这样，我居然撑下来了，能把这幅画好好交到你手里。"话说完，老人就咽了气。

丧事办完，儿子在老母亲的陪同下，拉出床下的铁箱子，打开来，果然有一幅精裱的古画，象牙的轴头、织锦的卷首。展开来，虽然绢色早已变暗，但是笔力苍劲，一看就是一幅传世的无价之宝。

"把画卖了吧，"老母亲说，"好好供你读书。"

"不，"儿子说，"不能卖，以前家里那么苦，爸爸都撑下来没卖，我也能撑下来，除非走投无路……"

天无绝人之路，儿子居然靠着艰苦努力，奋勇拼搏顺利地修到学位，还交到一个可爱的女朋友。

"你有多少钱能娶我的女儿?"女朋友的父亲怀疑地看着这个穷小子。

年轻人一笑，说："伯父，我家既穷也不穷，说实话我们还挺有钱，因为我家传下来一幅清代郑板桥的真迹，只是我不愿卖。下次我拿来，你看看就知道了。"

女朋友的父亲笑笑："不用看了，瞧你说话的样子就不假。我佩服你，你那么苦还能守住那幅画，我也相信，你有能力守住我女儿。"

他们结婚了，夫妻恩爱，共同打下一片江山，20 年后，他成为了大企业家。

自力更生、艰苦奋斗，是创业的精神支柱，也是成功的必要条件。它能使我们不怕困难，不畏风险，勇于创造，敢于拼搏，从零开始，日积月累，直至辉煌。

生存游戏

1942 年的冬天，盟军的两支部队分别从红海东岸和地中海沿岸向驻扎在北非的一个德国军营挺进，任务是从那里的纳粹集中营里救出被关押的 500 多名英国军人和北非土著。执行任务的是一支英国军队和一支美国军队。

英国军队穿过一段丛林，一路上平平安安，没有遭遇敌军埋伏，甚至没有遇到野兽袭击，行军非常顺利。

而美国军队则从红海东岸起程，需要穿过一段沙漠，渡过一条没有桥的河流，需要突破敌人的两道防线，更要命的是：在他们突破第二道防线后准备安营扎寨休整小憩之时，希特勒安置在苏丹东部的一支部队向他们袭来。而此时，他们已经疲惫不堪了。

10 天后，盟军按计划攻下了阿尔及利亚东部的德军驻扎点，营救成功。谁也想不到，立下这一汗马功劳的不是英军，而是当时已经危在旦夕的美军。当德军追上来时，美军早已顺利完成任务，沿着英军的进军路线撤退了。撤退途中他们遇到一个英国士兵，英国士兵告诉他们："我们的部队被德军打散了……"

"一支强大的军队这样轻易地被……为什么？"美军指挥官问。

英国士兵沉默了，因为他也不知道为什么。战后他一直在一个山林里过着悠闲自在的狩猎生活，和他相伴的是一只勇猛的猎狗。1962年，他结束了打猎生涯，买了一座庄园，养起了鸡鸭，猎狗也成了庄园的半个主人。两个月后，一向威猛的猎狗开始不思茶饭、委靡不振起来，每天百无聊赖地到庄园中间那个小山丘上逛一圈，然后无精打采地回到它的小房子里呼呼大睡，很快就瘦得像一具标本了。老士兵非常着急，但不知怎样才能改变现状。转眼到了冬天，一只觅食的苍鹰光临了他们的庄园，低低地在上空盘旋，猎狗突然双目发光，蹿起来冲着苍鹰狂叫，威风极了，那天，狗吃了许多东西。

若有所悟的老兵从山里捕回一只狼，拴在庄园外的一棵树下。从此情况果然变了，只要看到狼，狗便显得非常精神，并且一天天胖了起来。

10年后，猎狗因年事已高病死了，老士兵去了海外旅游。途中偶然看见几个孩子在玩一个叫做"生存"的游戏：一些卡片上分别有老虎、狼、狗、羊、鸡、猎人等图案，三个孩子各执一副，暗自出牌，虎能通吃，但两个猎人碰一块儿可以打死一只虎，一个猎人能打死一只狼，两只狼碰在一起可以吃掉一个猎人。但他发现，当每个孩子手里的虎和狼都被"消灭"后，一只羊就能吃掉一只狗。

羊怎么能吃掉狗呢？老兵不解。三个孩子认真地说："当然，因为虎和狼没有了，狗正处在一种安逸和放松的享乐状态中，在这个游戏规则中，此时不但一只羊能吃掉它，两只鸡碰在一起都能将它消灭。"老兵终于恍然大悟。

一路行军顺利的军队在遇到敌军时一战即散，而一直困难重重的军队却能攻下强敌，这是为什么呢？因为没有了对手和较量，所以就没有了危机感和竞争力，因而产生委靡倦怠，直至堕落死亡。由此看来，只有时时保持一种警惕和危机意识，才能始终斗志昂扬、精神饱满，也才有动力去不断学习、不断前进，追求更高和更强的目标。小动物如此，我们人类又何尝不是这样呢？

毅力和信心

富兰克林出生于一个手工业者的家庭，父亲做肥皂和蜡烛，家中生有十七个子女，家庭人口众多，经济负担沉重，富兰克林上到小学三年级就被父亲拖回来做工了，剪灯芯，做蜡烛，干苦活。后来，父亲看到他喜爱看书，就把他送到哥哥办的一家印刷厂当了一名印刷工。在这样的命运面前，他并没有屈服，而是在不利与艰难的遭遇里百折不挠。例如，他为了有书看，和离印刷厂不远的一个小书店的伙计交上了朋友，同他商妥，在书店关门前把书悄悄借走，第二天开门前把书还回来，为的是绝不让老板知道。就这样，富兰克林白天上工，每天夜晚读书到深夜。

富兰克林的成才经历告诉我们：生活中给我们的启示是很多的，其中最重要的一点是："请记住，环境愈艰难困苦，就愈需要坚定毅力和信心，而且懈怠的害处也就愈大"（托尔斯泰语）。

十 没有勤奋，就会荒废一生

我们不管是学习，还是做事，都要勤奋。一勤天下无难事，读书勤奋，就没有掌握不了的知识；做事勤奋，就没有完成不了的任务。没有人轻而易举就能取得成功，哪怕是公认的天才，他们的成就也是经过勤奋努力才获得的。所以，我们要记住这句名言：天才＋勤奋＝成功。

勤学如春起之苗

晋代文学家陶渊明归隐田园后，有一天，一个读书的少年来拜访他，请教求知之道。少年施礼后说道："老先生，晚辈十分敬仰您的才学，不知您在年轻时读书有无妙法？如果有，望您不吝赐教，晚辈将终生感激！"

陶渊明听后，拈须笑道："在下哪有什么学习的妙法？只有再简单不过的方法，全凭刻苦用功、持之以恒，勤学则进，辍学则退。"

少年似乎没有明白，陶渊明便拉着少年的手来到田边，指着一棵稻秧说："你好好地看，认真地看，看它是不是在长高？"

少年很是听话，怎么看，也没见稻秧长高，便起身对陶渊明说："晚辈没看见它长高。"

陶渊明道："它不能长高，为何能从一棵秧苗长到现在这等高度呢？其实，它每时每刻都在长，只是我们的肉眼无法看到罢了。读书求知以及知识的积累，便是同一道理！天天勤于苦读，很难发现知识的累积，但天长日久，丰富的知识就装在自己的大脑里了。"

说完这番话，陶渊明又指着河边一块大磨石问少年："那块磨石为什么会有像马鞍一样的凹面呢？"

少年回答："那是磨镰刀磨的。"

陶渊明又问："具体是哪一天磨的呢？"

少年无言以对。陶渊明说："村里人天天都在上面磨刀、磨镰，日积月累，年复一年，才成为这个样子，不可能是一天之功啊，正所谓冰冻三尺，非一日之寒！学习求知也是这样，若不持之以恒，每天都会有所亏欠的！"

少年恍然大悟，陶渊明见此子可教，又兴致勃勃地送了他两句话：勤学似春起之苗，不见其增，日有所长；辍学如磨刀之石，不见其损，日有所亏。

的确，学习是没有捷径可走的。这正如鲁迅所说："伟大的成绩和辛勤的劳动是成正比例的，有一分劳动就有一分收获，日积月累，从少到多，奇迹就会创造出来。"我们的祖先有许多名言警句也说明了这一点："书山有路勤为径，学海无涯苦作舟。""学如逆水行舟，不进则退。"

蓝天的梦想

有一天，地上的小鸡看见在天空中飞翔的老鹰，心里很是羡慕。它想：我要是能够在空中自由地飞翔该多好啊。它看看空中的老鹰，又想到：我也有翅膀啊，我也可以飞，也可以到蔚蓝的天空中自由飞翔。

于是，它就开始练习在空中飞翔，可是每次都是飞不到一米高、也飞不到一米远，慢慢地小鸡开始怀疑自己了：我真的可以飞上天空吗？

这时，它的身边出现了一位慈祥的老人，朝它哈哈大笑。小鸡感到很是奇怪，就问那位老人："老爷爷你大笑什么呢？"老人看着小鸡，说："我是笑，你再努力、再辛苦也是飞不到天空中去的哟，天空对你来说太遥远了。"

小鸡听了这话，很受打击，但它没有放弃自己的梦想，它想：只要有付出，就会实现自己的梦想，天空虽说遥远，但飞上蓝天并不是不可能的。

小鸡在不断地给自己打气，不断地练习飞。老鹰看见小鸡很是奇怪，它说："小鸡，飞对你来说不是不可能，但是要飞上天，那就等于是白日做梦。"小鸡听了，不说话，还是继续它的练习。

日复一日，年复一年，时间在飞快地流逝着，转眼间10年过去了，可是小鸡还是没有飞起来，不过，它还在继续练习飞，还在继续做自己的蓝天梦。

又过了几年，在小鸡的不断练习中，它的翅膀慢慢发生了变化，嘴巴也慢慢起了变化。终于，它冲上了蓝天。谁也没有想到，它竟是一只大鹏。它在天空中自由地飞翔，不停地舞动着翅膀，飞到一座山上，它才停下了。它站在那里遥望着这曾经自己都不敢想的天空，如今自己正站在它旁边了，感到十分兴奋。

忽然，一个熟悉的老人来到了它的身边，说："孩子，没有经历辛苦，没有流过汗水，没有坚定不移的信念，你是不会实现今天的梦想的。"

当我们决心实现一个伟大的梦想时，有人会给我们"泼冷水"，但我们心里有数：只要付出汗水，坚持不懈，我们的目标终归会实现。目标、勤奋和毅力，是成功的三大要素，缺一不可。

对月苦读

崔鸿是南北朝时期的著名历史学家，他曾编过《十六国春秋》，这部珍贵的历史文献以优美的文笔流传至今。

崔鸿从小就勤奋好学、刻苦读书，知识非常渊博。

崔鸿小时候酷爱读书，常常废寝忘食。后来，由于家境败落，再也没钱去买书了。当家中的藏书被他读完后，就只好向别人借书，借的书一般都催要得很紧，为了既按时还书又能把书读一遍，崔鸿决定将书抄下来读。崔鸿节衣缩食，把省下来的钱用来买纸，晚上抄书、读书要耗费很多的灯油，崔鸿家境贫寒，无钱买油。一天夜里，灯油已经耗尽，崔鸿的母亲已经睡下了，崔鸿不得不放下手中没有读完的书，他躺在床上，心里还在想着没有看完的书，难以入眠。

崔鸿翻身下床，信步走到门口，突然眼前一亮，他抬头一看，原来天空晴朗，一轮明月当空，将大地照得如同白昼，他把刚才没有看完的书拿来，借着月光展卷阅读，字句竟清晰可辨，崔鸿高兴得跳了起来，这下他又能读书了。

崔鸿急忙跑到屋里，搬出一个小凳坐在月光下，认真地读起书来。不知不觉，崔鸿发觉书上的字迹逐渐模糊了，他抬头看，原来月光已经移动了，于是他也移动小凳，追随着月光读书。就这样，月光不断移动，崔鸿也随之不断移动，直到月亮渐渐西斜，光线暗淡下来，书上的字实在看不清了，他才恋恋不舍地放下书本，回屋睡觉。

从那以后，每当皓月当空，月光明亮的时候，崔鸿就来到院中借着月光读书、抄书。有时为了看书，追着月光走，他竟然追到院门外面还不知道。

崔鸿通宵达旦地在浩瀚的书海中遨游，收集了丰富的历史资料，正是凭着这种勤奋刻苦的精神，他终于成了著名的史学家。可见，想读书，不是没有办法，难道我们会穷得像崔鸿那样连油灯都没有吗？条件越艰苦，越能磨炼人的意志，催人奋发。

一天和一年

有一个梦想成为著名画家的年轻人，画出来的画总是很难卖出去。他看到大画家阿道夫·冯·门采尔的画很受欢迎，便去登门求教。

他问门采尔："我画一幅画往往只用不到一天的时间，可为什么卖掉它却要等上整整一年？"

门采尔沉思了一下，对他说："请倒过来试试。"

年轻人不解地问："倒过来？什么意思？"

门采尔说："对，倒过来！要是你花一年的工夫去画，那么，只要一天工夫就能卖掉它。"

"一年才画一幅，这有多慢啊！"年轻人惊讶地叫出声来。

门采尔严肃地说："对！创作是艰苦的劳动，没有捷径可走的。试试看，年轻人！"

这个青年决定按门采尔的建议去做。回去后，苦练基本功，深入搜集素材，周密构思，用了近一年的工夫画了一幅画，果然，它不到一天就卖掉了。后来，这位年轻人也成了像门采尔一样出色的画家。

冰心奶奶在《成功的花》中这样写道：成功的花，人们只惊羡她现时的明艳！然而当初她的芽儿，浸透了奋斗的泪泉，洒遍了牺牲的血雨。一切成就都是长期艰苦奋斗获得的，任何浅尝辄止、蜻蜓点水式的学习，都是浮躁的，外强中干的。我们非常羡慕学习好的同学，为那些运动场上出类拔萃的学生叫好，但如果认为他们的成绩只是来源于天分、机遇，那是非常错误的。没有一番刻苦，任何人都不会取得惊人的成绩。

冯玉祥苦读书

冯玉祥作为中华民国时期著名军阀、军事家、爱国将领、民主人士，世人对他的评价颇多。比如，有人说他是"基督将军"，也有人说他是"爱国将军"，更有人说他是"倒戈将军"。纵观其一生，却也是一位地地道道的"读书将军"。

由于家境贫寒，童年的冯玉祥只断断续续念过一年多的私塾。练习写字买不起纸笔，就用一根细竹管，顶端扎上一束麻，蘸着稀薄的黄泥液，在洋铁片上涂写。

1896年，14岁的冯玉祥在保定府五营练军正式入伍。在兵营中，每逢操练之余，粗识一些文字的冯玉祥便开始读武侠小说。他说，"一半是为看热闹，一半也是企图多识些字。""初看时半懂不懂，只管囫囵咽下去。读完一遍，从头再读，读长久了，书中大意也渐能领悟。"正是凭着耐心、虚心、恒心，冯玉祥读完了《三国演义》。

升任本哨的小教习后，有着强烈上进心的冯玉祥开始攻读军事书籍，他得暇即读，有时彻夜不睡。初时十句不过懂得三句，其余都茫然不解，于是各处找人请教。看到冯玉祥苦读得体力不支，朋友好言相劝，他说："我就是念书念死了也好，免得变成一个庸碌无知的废物，消耗世界上的食粮，一点儿事也不能做"。

读书成了冯玉祥每天必不可少的事情，青年的他涉猎的书目不断扩展。当他看了《饮冰室文集》的序文，得知《纲鉴易知录》一书，便立刻到北平琉璃厂书店里买来一部，日夜苦读，时刻不离手。一次，被他们的上司见到了，高兴地连声夸奖，说："我们营里的年轻人居然也有看《纲鉴易知录》的，真是了不得！"随着官阶提高，冯玉祥阅读的范围也在扩展，《左传》《易经》《书经》《诗经》《群书治要》等逐渐一一进入他的读书书目中。

冯玉祥开始念《古文释义》，请一位朋友随时为其讲解，自己抽空念，每篇念至能够背诵方肯罢手。这样读了不到百余篇光景，他觉得有了不少的进步，普通的文章不用讲解，即能自己领悟，再来翻阅《纲鉴易知录》一类的书，情形就大大不同了，以往看不懂的，这时很容易理解了。尝到甜头以后，冯玉祥在一生的读书中，不断向大师求教，向朋友求教，也向比自己年轻的属下求教。

读书使冯玉祥从积弱、腐朽的社会状态中找到了人生奋斗的动力；读书，使他从不断的文化选择中，清晰了自己的政治选择；读书，使他获得了接近科学的人生观和方法论。人的认识是在不断的否定之否定规律中发展的，读书，作为一种动力，不断地改变着冯玉祥的人生。冯玉祥在艰苦的岁月里勤读不辍的故事，的确给我们许多启示。